KB235688

겉뜨기·안뜨기만 알면 만드는

꼼지의 손뜨개 아이옷

박귀선 임정임 지음

바느질하는 엄마와 뜨개질하는 엄마의
예쁜 손뜨개 이야기

알록달록 색이 곱고 포근한 털실은 언제나 제 마음을 두근두근 설레게 합니다. 기다란 나무 바늘에 실을 걸어 예쁜 스웨터를 뜨는 상상만으로도 저절로 웃음이 나요. 털실만 보면 우리 딸 예쁜 원피스, 우리 아들 멋진 스웨터를 떠주고 싶다는 생각이 제일 먼저 든답니다.

하지만 바느질장이 꼼지는 손뜨개엔 서툴러 목도리밖에 뜰 줄 몰랐어요. 아이에게 엄마 손으로 뜬 옷을 꼭 선물하고 싶은데 늘 아쉬웠지요. 《꼼지의 손뜨개 아이 옷》은 바로 저 같은 엄마를 위해 만든 책이에요. 마침 꼼지공방의 손뜨개 선생님에게 겉뜨기와 안뜨기만 알면 일자로 쭉 떠서 옷을 만들 수 있는 방법을 배워 여러분과 공유하고 싶었답니다. 짬을 내서 손뜨개를 배우러 다닐 시간이 없거나, 복잡한 건 딱 질색이라 정말 간단한 방법을 알고 싶은 손뜨개 초보자에게 반가운 소식이었으면 좋겠습니다. 바느질은 쉬워야 한다는 제 생각은 손뜨개를 할 때도 마찬가지예요. 바느질을 하면서 아기자기한 원단을 니트와 접목시켜도 참 좋겠다는 생각을 했어요. 그래서 단순한 기법이라 어쩌면 조금은 밋밋할 수 있는 손뜨개 아이템에 자투리 원단을 더해 세상에 하나뿐인 옷과 소품을 만드는 방법을 곁들였습니다.

이 책을 펼쳐놓고 손뜨개를 시작할 때는 딱 한 가지만 생각하세요. 내 아이에게 예쁜 옷을 만들어주고 싶은 엄마 마음 말이에요. 혼자서 아이 옷 한 벌을 완성했다면 그것으로 저희의 바람은 이루어진 거예요.

바느질장이 박귀선

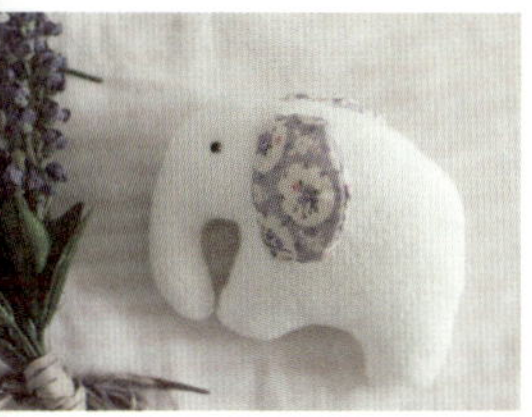

꼼지와 함께 이 책을 만들게 된 저는 많은 분들이 손뜨개와 친해져 털실의 무한한 매력을 느껴보길 바라는 손뜨개 선생님이랍니다. 손뜨개가 로망에 그치지 않고 예쁜 아이 옷으로 완성되는 그날까지 뜨개 초보자들에게 용기를 북돋워주고 싶어요.

어렸을 적부터 그냥 손뜨개가 좋았고 아직까지도 손뜨개는 제게 반가운 손님 같답니다. 재료라고는 실과 바늘뿐인데, 이들과 만나 신나게 놀다보면 매번 새로운 아이템을 완성하게 되지요. 호들갑스럽지도, 뜨겁게 열정적이지도 않지만 조용히 진가를 발휘하는 멋진 친구예요.
이번 작업을 하는 동안은 뜨개질을 처음 시작했던 때로 돌아가 정말 단순한 방법으로 다양한 옷과 소품을 만드는 아이디어만 생각하려 했어요. 뜨개질한 것에 원단을 더하니 복잡한 뜨개 기법에서는 찾아볼 수 없었던 독특한 멋을 발견하게 되어 더욱 기뻤답니다.

부디 이 책이 아이의 옷을 만든 엄마나 엄마가 만들어준 옷을 입은 아이 모두에게 행복한 추억을 안겨준다면 좋겠습니다. 응원해준 가족과 도움을 준 현주 언니에게 감사의 인사를 전합니다.

뜨개질장이 임정임

옷과 장남감

18

01 곰돌이 아플리케를 덧댄
줄무늬 바지

20

02 윙크 냥이 5부바지

22

03 모자 달린 외출용 조끼

26

04 체크무늬 부엉이
주머니 조끼

28

05 양털목도리가 있어
더 따뜻한 핑크 카디건

30

06 스카프로 장식한
꼬꼬원피스

32

07 간편하게 활용하는
원형 넥 워머

34

08 토끼 귀마개 모자와
방울 목도리

36

09 꼬꼬마 망토와
방울 모자

38

10 작은 주머니가 달린
줄무늬 반팔티셔츠

40

11 체크 원단으로 끈을 만든
멜빵바지

42

12 버튼홀스티치로 꾸민
베이비 빕

★ '만드는 법'이 나와 있는 페이지는
작품의 사진이 있는 페이지에 적혀 있어요.

★ 실의 굵기와 뜨개질하는 사람의 힘 조절 등에 따라 cm(길이)와
단수가 정확히 일치하지 않을 수 있어요. 아이의 신체 사이즈에
맞추는 것이 중요하니 cm 위주로 체크하면 편해요.

미리
배우기

01 손뜨개 할 때 필요한 기본 준비물

손뜨개에 꼭 필요한 도구들이에요. 털실과 짝을 이루는 바늘과 핀은 물론,
방울을 쉽게 만들 수 있는 기구나 솜, 스폰지, 딸랑이와 같은 부속도 소개합니다.
주머니나 안감을 만들어 달 때 필요한 예쁜 원단도 필요할지 몰라요.

대바늘

대바늘에는 일자 바늘이 각각 떨어져 있는 것과 고무호스 형태의 줄로 양쪽 바늘이 이어져 있는 줄바늘이 있다. 털실로 뜨개질해 무언가를 만들 때 없어서는 안 되는 도구. 실의 굵기와 만들고자 하는 편물의 스타일에 따라 바늘 굵기를 선택하면 된다. 바늘에 표시된 숫자가 클수록 바늘이 굵어진다.

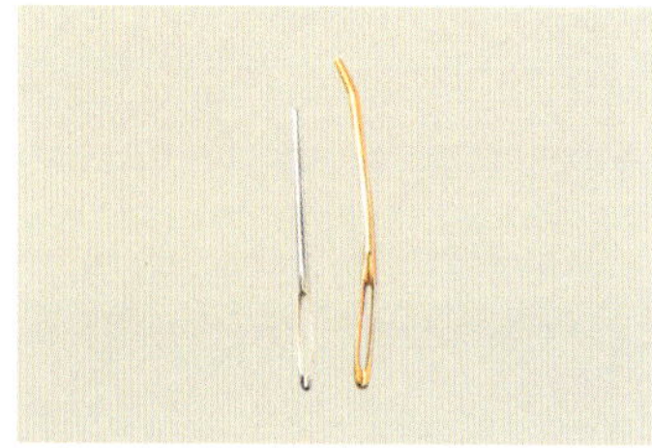

돗바늘

편물과 편물을 이어줄 때 사용하는 바늘이다. 일반적인 바느질용 바늘보다 굵기가 굵은, 털실용 바늘이다. 돗바늘을 이용하면 낱장으로 뜬 편물을 쉽게 이을 수 있다.

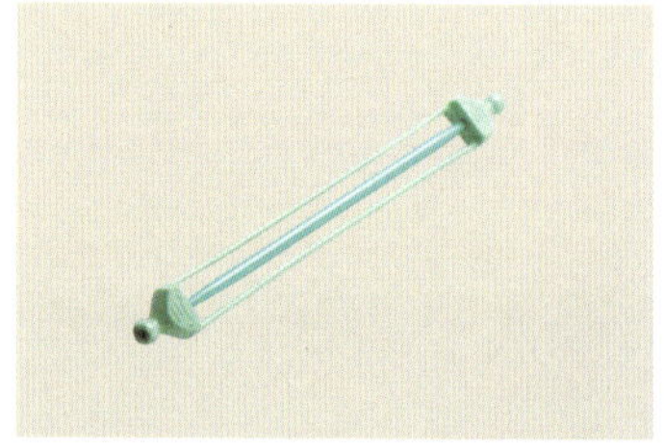

안전핀

코가 풀리지 않도록 하는 안전장치이다. 뜨개질 중간에 코막음을 하기 전 상태로 잠시 두고 다른 부분을 떠야 할 때는 안전핀을 꽂아두도록 한다.

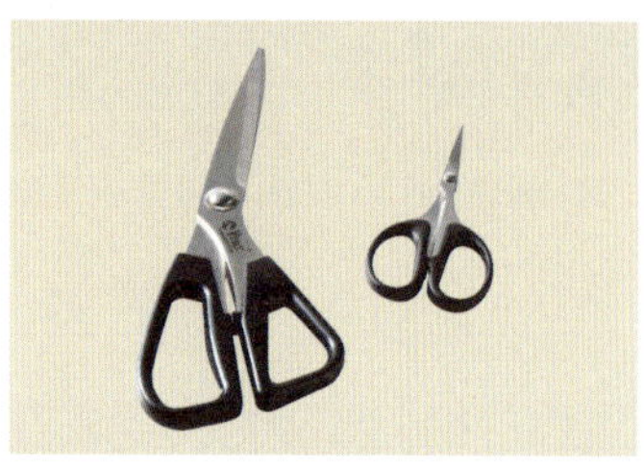

가위

실이나 원단 등을 자를 때 사용하는 기본 준비물. 크기와 날의 종류가 다양하다.

색실

뜨개질한 편물에 원단을 덧대 꿰매거나 단추를 달 때 사용한다. 스티치 장식을 하거나 자수를 놓을 때도 필요하다.

여러 가지 원단

편물의 겉에 다는 주머니나 장식용 패치워크, 편물 안쪽의 안감 등에 활용한다. 집에 자투리 원단이 있다면 다양하게 활용해 예쁜 아이 옷이나 소품을 만들 수 있다.

여러 가지 단추

앞을 여미는 용도로 사용하거나 장식용으로 달아 개성 있게 꾸밀 수 있다. 똑딱단추, 싸개단추, 나무단추, 모양단추 등 그 종류가 다양하다.

방울기계

털실방울을 만드는 데 쓰인다. 기계에 털실을 감아 방울 모양을 만들고 실을 자르면 간단하게 완성된다. 방울기계의 지름에 따라 방울 사이즈가 달라진다. 기계마다 자세한 설명서가 들어 있다.

시침핀

편물에 원단을 대고 바느질할 때 위치가 달라지지 않도록 고정시키는 역할을 한다. 시침핀을 이용해 원단 또는 장식용 라벨 등을 고정시킨 뒤 바느질한다.

원단 레이스, 라벨

원피스 밑단이나 스웨터, 가방 등을 장식할 때 사용한다. 시중에 원단 소재로 된 라벨이나 다양한 레이스가 나와 있으니 디자인에 따라 선택하면 된다.

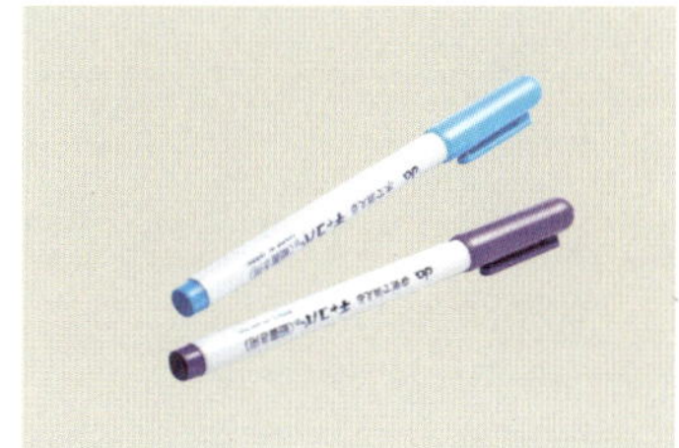

도안용 펜

도안대로 원단을 재단할 때 밑그림을 그리는 도구. 기화성이 있어 그림을 그린 뒤 일정 시간이 지나면 펜 자국이 날아가는 종류를 고르면 편하다.

스폰지

사각형 장난감을 만들 때 기본 틀이 되는 재료. 책에서는 주사위를 만들 때 사용했다. 모양에 따라 잘라서 사용할 수도 있다.

솜

인형이나 장난감, 입체감 있는 패치워크의 속을 채우는 데 쓰이는 재료.

소리도구

장난감 안쪽에 넣어 '삑삑' 또는 '딸랑딸랑' 소리가 나도록 한다.

02 손뜨개의 첫 단계! 기본 중의 기본 뜨기

대바늘에 실을 걸어 코를 만들고 한 코 한 코 뜨개질을 해나가는 데 가장 기본이 되는 방법이에요.
이 책의 특징이 겉뜨기와 안뜨기만 알면 일자로 쭉 떠서 목도리도 만들고
바지나 카디건까지 만들 수 있는 것이니만큼 손뜨개 왕초보에게 꼭 필요한
대표 기법을 소개합니다. 도안과 사진을 참조하세요.

코 만들기

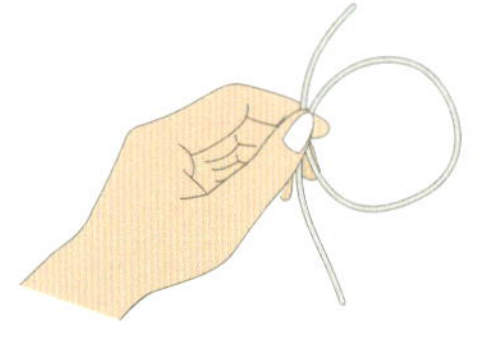

1 실로 원을 만들어 왼손으로 잡는다.

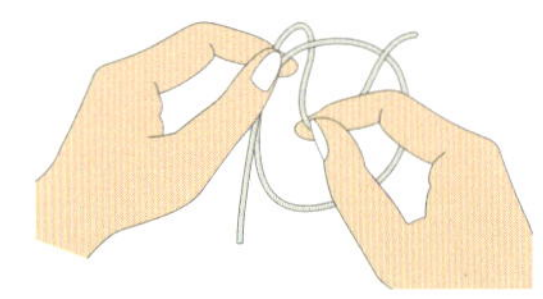

2 짧게 남긴 실을 원 안으로 넣어 잡아 **뺀다**.

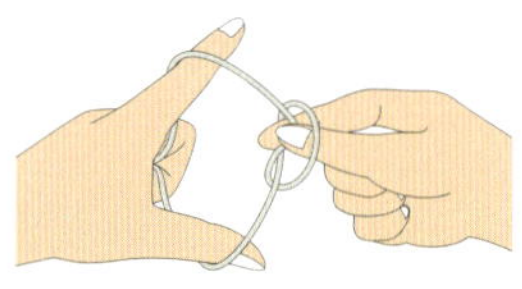

3 엄지와 검지 사이에 그림과 같이 실을 건다.

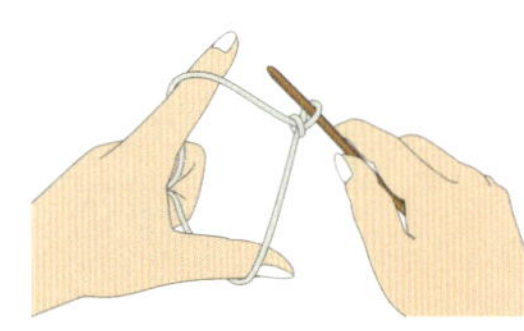

4 바늘을 구멍에 끼운다.

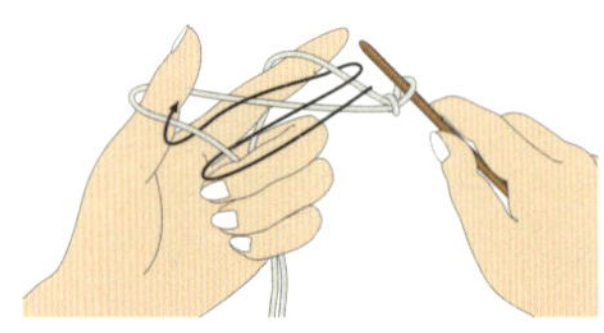

5 화살표 방향대로 바늘에 실을 건다.

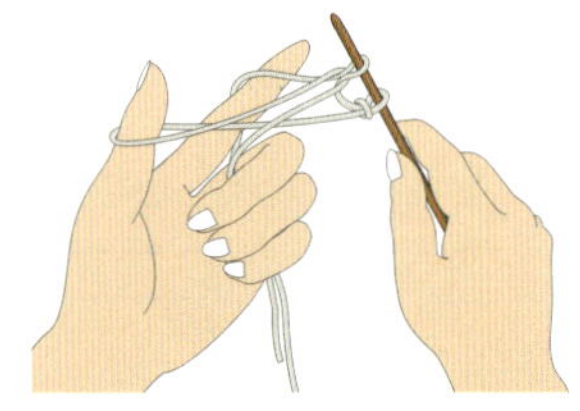

6 검지 쪽에 있는 실을 끌어오면서 엄지에 걸려 있는 실은 놓는다.

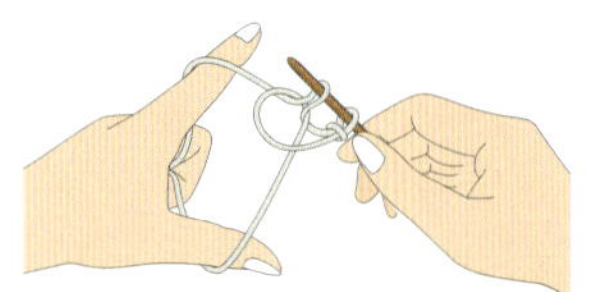

7 다시 엄지와 검지 사이로 실을 건 다음 실을 당겨 바늘에 밀착되도록 고정시킨다.

겉뜨기

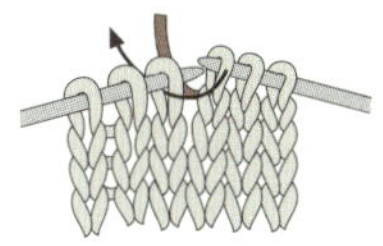

1 실을 바늘 뒤로 놓고 오른쪽 바늘을 그림의 화살표 방향으로 뜨개코에 넣는다.

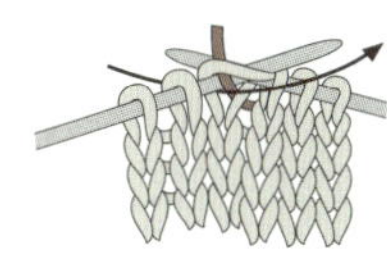

2 뜨개코에 넣은 바늘에 실을 걸어 앞쪽으로(그림의 화살표 방향) 끌어낸다.

3 코 하나가 오른쪽 바늘로 옮겨지면서 겉뜨기 1코가 완성된다. 겉뜨기를 계속하면 그림과 같이 V자 모양의 조직이 나타난다.

안뜨기

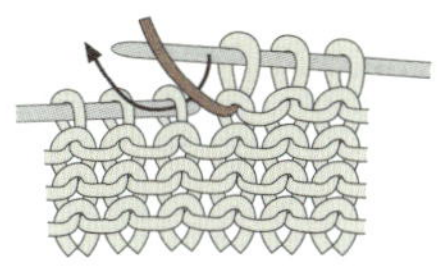

1 실을 바늘 앞으로 놓고 오른쪽 바늘을 그림의 화살표 방향로 뜨개코에 넣는다.

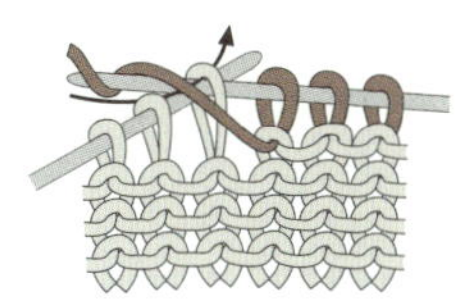

2 뜨개코에 넣은 바늘에 실을 걸어 앞쪽으로(그림의 화살표 방향) 끌어낸다.

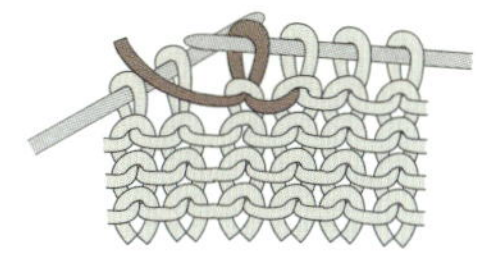

3 코 하나가 오른쪽 바늘로 옮겨지면서 안뜨기 1코가 완성된다. 안뜨기를 계속하면 그림과 같이 둥근 물결 모양 조직이 나타난다.

메리야스뜨기

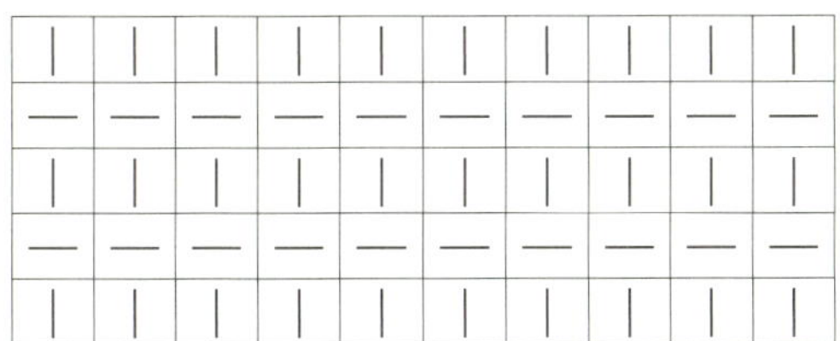

앞을 보고 뜨는 단은 모두 겉뜨기로, 뒤를 보고 뜨는 단은 모두 안뜨기로 뜨면 메리야스뜨기가 된다. 완성하고 나면 겉면은 V자 모양 조직이 되고, 뒷면은 촘촘한 물결 모양(안메리야스뜨기)이 된다.

가터뜨기

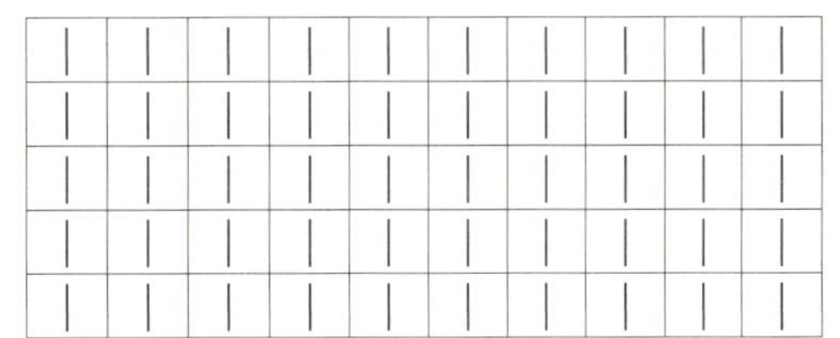

단에 상관없이 겉뜨기만 계속 반복하는 것이 가터뜨기이다. 겉에서 보면 한 단은 안뜨기 조직이, 다음 단은 겉뜨기 조직이 보인다. 도안은 보이는 조직의 모양대로 한 단은 겉뜨기, 한 단은 안뜨기 모양이다.

멍석뜨기

안뜨기와 겉뜨기를 1코씩 번갈아 뜬다. 이때 첫 단을 안뜨기로 시작했으면 다음 단은 겉뜨기로 시작해 조직이 서로 엇갈리게 뜨도록 한다. 매듭처럼 동글동글한 조직이 독특하다.

감아 코 늘리기

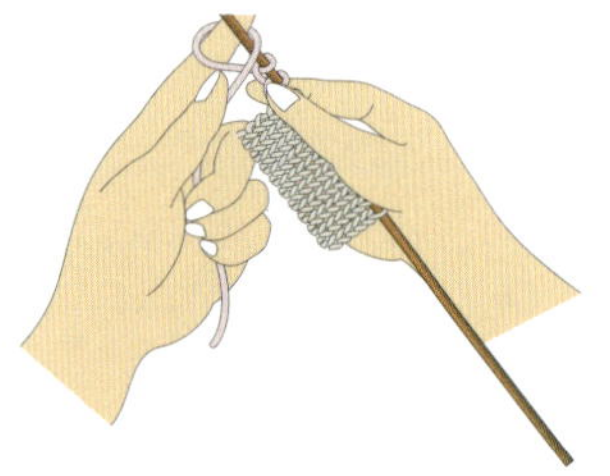

왼쪽 코 늘리기

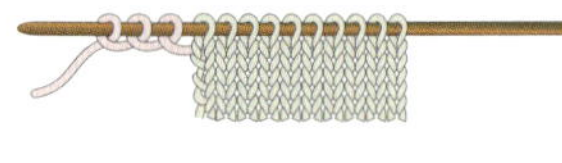

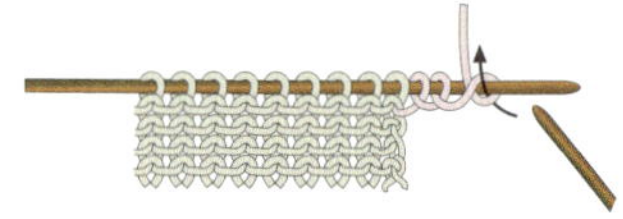

오른쪽 코 늘리기

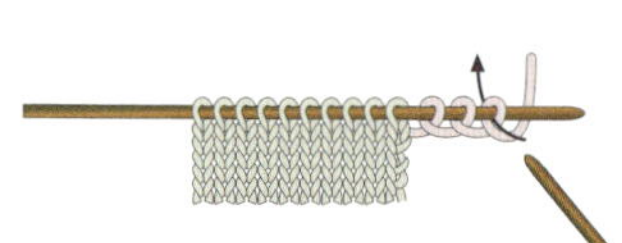

1 손가락으로 필요한 개수대로 고리를 만든다.

2 코 늘리기가 끝나면 왼쪽 바늘에 있는 콧수가 늘어나게 된다.

3 오른쪽 바늘을 화살표 방향으로 넣어 뜨개질을 한다.

* 오른쪽 코 늘리기도 같은 방법으로 해 반대쪽 코를 늘리면 된다.

03 손뜨개 마무리에 필요한 코막음과 꿰매기

코를 마무리하거나 손뜨개가 끝난 뒤 편물과 편물 사이를 이어줄 때 쉽게 활용하는 방법입니다.
뜨개질이 끝나면 올이 풀리지 않도록 마무리할 때 코막음을 하면 돼요. 돗바늘을 이용해 꿰매는 방법은
옷의 앞판과 뒤판을 이어주거나 몸통과 팔, 몸통과 모자 부분을 이어줄 때 유용하지요.
그림을 보며 화살표대로 따라 뜨거나 꿰매면서 익혀보세요.

겉뜨기로 코막음하기

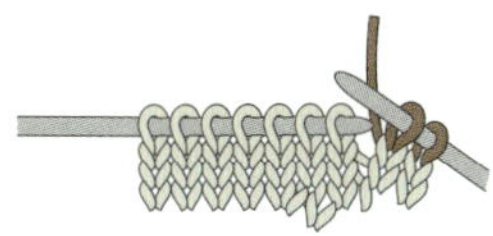 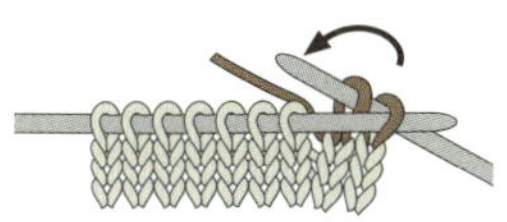 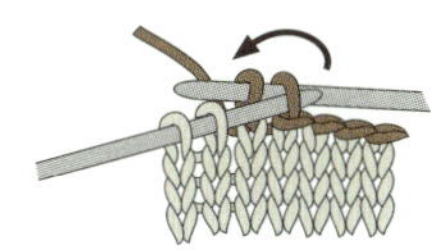 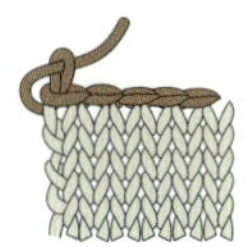

1 첫 번째 코와 두 번째 코를 겉뜨기로 뜬다.

2 오른쪽 코를 왼쪽 코에 그림과 같이 덮어 씌운다.

3 다음 코 1코를 겉뜨기로 뜬 뒤 ②의 덮어씌우기를 반복해 마지막 코까지 마무리한다.

4 남은 실을 마지막 코 안쪽으로 빼내 정리한다.

안뜨기로 코막음하기

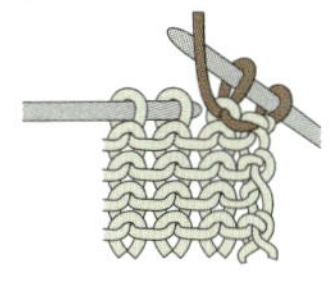 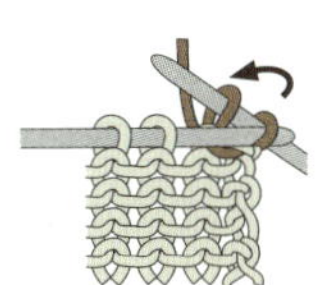 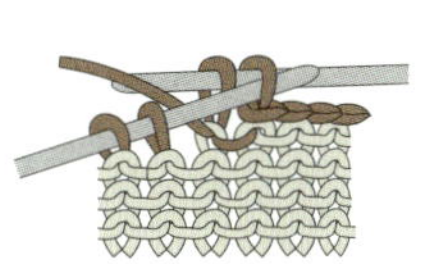 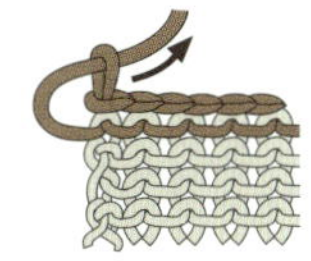

1 첫 번째 코와 두 번째 코를 안뜨기로 뜬다.

2 오른쪽 코를 왼쪽 코에 그림과 같이 덮어 씌운다.

3 다음 코 1코를 안뜨기로 뜬 뒤 ②의 덮어씌우기를 반복해 마지막 코까지 마무리한다.

4 남은 실을 마지막 코 안쪽으로 빼내 정리한다.

메리야스뜨기로 꿰매기

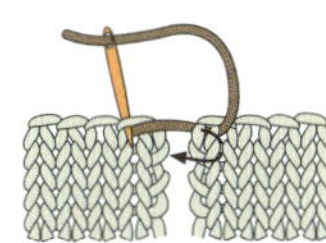 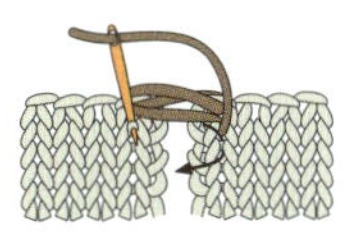 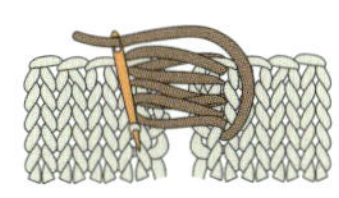

1 돗바늘에 털실을 끼운 뒤 뜨개질한 편물의 실이 달려 있지 않은 쪽 끝을 걸어온다.

2 시접코 1코 안쪽의 가로줄을 단마다 연결한다.

3 실을 적당히 잡아당겨 양쪽 편물이 하나로 이어지게 한다.

가터뜨기로 꿰매기

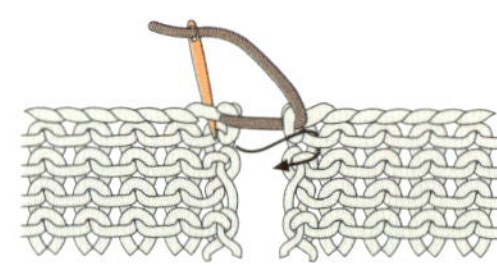

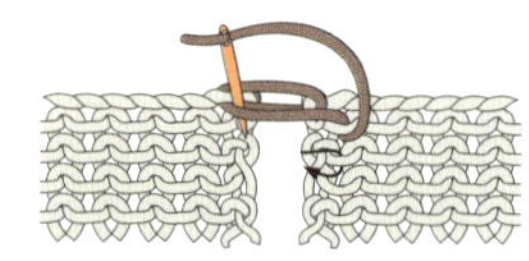

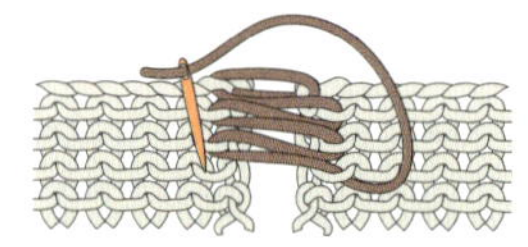

1 양쪽 판을 겉면이 보이도록 나란히 놓고 털실을 끼운 돗바늘로 첫 번째 코의 안쪽 실을 걸어 당긴다.

2 한쪽은 아래로 볼록한 실을, 다른 한쪽은 위로 볼록한 실을 걸어 당기면 된다.

3 ②의 방법을 반복하여 양쪽 편물을 하나로 잇는다.

안메리야스뜨기로 꿰매기

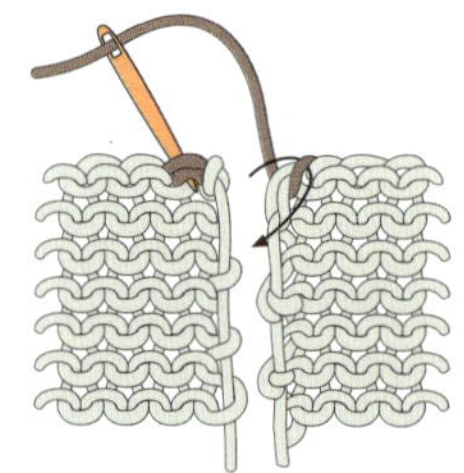

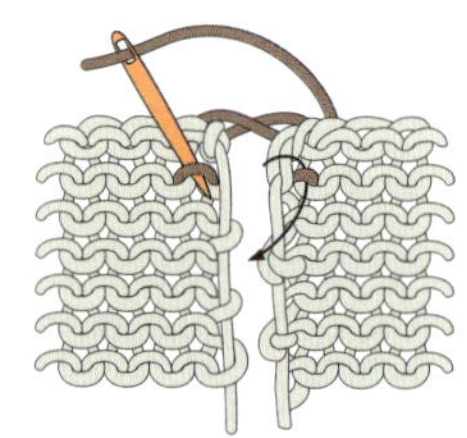

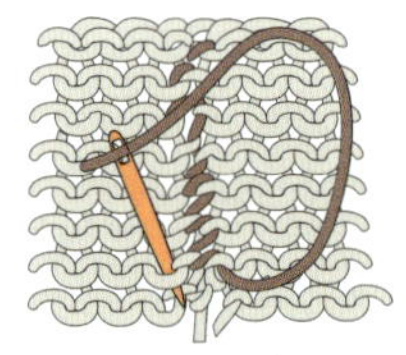

1 양쪽 판을 안쪽이 보이도록 나란히 놓고 털실을 끼운 돗바늘로 그림과 같이 왼쪽 편물의 1코 안쪽 맨 끝 코를 오른쪽 판의 첫 코 아래 볼록한 실과 연결한다.

2 왼쪽 판과 오른쪽 판의 첫 코와 두 번째 코 사이에 있는 볼록한 실을 함께 걸어준다.

3 좌우를 번갈아 1코씩 걸면서 꿰맨 실이 겉으로 보이지 않도록 적당히 당겨가며 마무리한다.

책 속 작품을 패키지로 구매할 수 있는 곳 ♥ 꼼지닷컴

강사과정 | 체인점문의 | 학교단체구매
www.ccomz.com

꼼지닷컴

손바느질작가 박귀선선생님과 그림동화작가 김영태 선생님이 직접 그리고 만듭니다.
꼼지닷컴의 모든 작품은 저작권보호를 받는 순수창작품입니다.

손바느질 D.I.Y

태교/출산용품 바느질set
배냇저고리
속싸개/겉싸개
턱받이(베이비 빕)/모자
손싸개/아기신발
블랭킷/낮잠이불
아기 베개
아기옷 DIY
장난감
인형
방석/쿠션
돌파티용품
문구용품
외출용품/가방
계절상품
책속작품 패키지
부재료
개인결제창

cafe' 메르케사
소소한 일상
기본 바느질 / 동영상

문의 게시판
031-848-2889

event

떡하루 70%할인 상품
현금구매 3%할인
금액별 선물
5만원이상 무료배송
영화이벤트
적립금이벤트
- - - - - - - -
기본 바느질법
솜씨자랑
패키지 구성
무통장입금 계좌
배송조회

꼼지의 아날로그 바느질 cafe' 메르케사

책속 쿠폰을 제시하시면 핸드드립 커피 를 무료로 드립니다.
위치-경기도 양주시 만송동 149-7 1층 cafe' 메르케사
문의전화 031-848-2889

옷과 장난감

01 곰돌이 아플리케를 덧댄 줄무늬 바지

엉덩이의 곰돌이 얼굴이 사랑스러운 아기 바지입니다.
바지 앞쪽도 곰돌이 얼굴로 꾸며 밋밋한 바지에 포인트를 주세요.
두 다리와 허리 부분까지 모두 일자로 쭉 떠 올라가면 쉽게 바지 하나를 완성할 수 있어요.

- - - - -> 74쪽에 있어요

02 윙크 냥이 5부바지

아기들이 입는 바지는 주로 엉덩이와 무릎에 포인트를 주지요.
엉덩이를 고양이 얼굴로 장식해보세요. 아장아장 걸음마하며 뒤뚱거리는 뒷모습이 돋보일 거예요.
길이는 5부 정도로 짤막하게 만들고, 바지 밑단은 메리야스뜨기라 자연스럽게 말아 올라갑니다.

- - - - - -> 76쪽에 있어요

Close-up!

고양이 얼굴 뒤쪽에 가위집을 내
솜과 소리도구를 넣고 꿰매요.

손목 끈 부분은 손뜨개로 뜨고
앞쪽에 고양이 얼굴을 댄 뒤 바
느질로 고정시킵니다.

03

모자 달린 외출용 조끼

앞을 똑딱단추로 여며 간편하고 모자가 있어 겉옷으로 활용하기 좋아요.
조끼의 모자 부분도 안뜨기로만 뜨고
한쪽 모서리만 바늘로 꿰매 모자 모양을 만들었어요.
안감은 예쁜 패브릭으로 마무리해 실용성과 디자인 모두 살렸습니다.

Handmade
by
mom

made

Handmade
by
mom

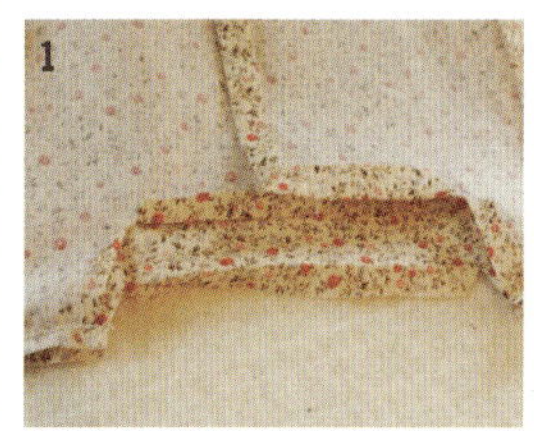

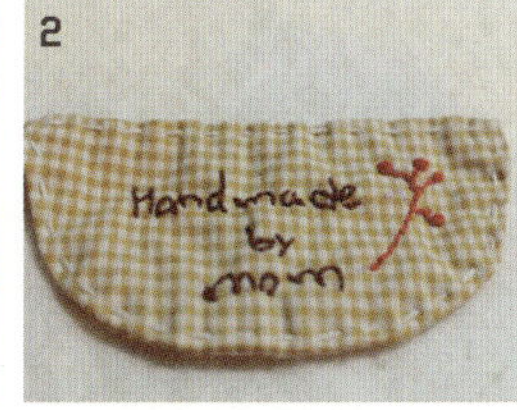

원단은 뜨개 부분보다 1cm 여유 있게 재단하세요. 바느질을 할 때에는 시접 1cm를 남겨요.

자투리 원단을 활용해 원하는 모양의 라벨을 만들어요.

라벨을 옷 안쪽에 꿰매 고정시킵니다.

자투리로 만들어요!

- - - - -> 79쪽에 있어요

체크무늬 부엉이 주머니 조끼

단추와 조끼 앞부분에 체크무늬 원단을 사용해 포인트를 줬어요.
집에 자투리 원단이 있을 때 이렇게 활용하면
손뜨개로 만든 옷에 장식을 더할 수 있어 좋아요.
원단의 크기에 따라 아플리케나 자투리로 만드는 인형 크기를 조절하세요.

- - - -> 81쪽에 있어요

05 양털목도리가 있어 더 따뜻한 핑크 카디건

쌀쌀한 날씨에도 엄마가 정성껏 뜬 카디건만 있으면 외출이 즐거워지지요.
인조 양털 원단으로 목도리까지 만들어 두르면 더욱 포근해요.
양털 원단을 남겼다가 카디건에 주머니도 달아주세요.
앞판 2개, 뒤판 1개를 뜬 뒤 돗바늘로 연결하면 초보자도 간단하게 만들 수 있어요.

자투리로 만들어요!

- - - - -> 84쪽에 있어요

06 스카프로 장식한 꼬꼬원피스

면 소재 원단을 이용해 만든 스카프를 목 부분에 장식한 원피스예요.
뜨개 부분 사이에 스카프를 끼워 넣을 수 있도록 구멍을 남겨뒀어요.
다른 원단이 있다면 스카프를 한두 개쯤 더 만들어 원피스를 새롭게 꾸밀 수 있겠죠?

 ## Close-up!

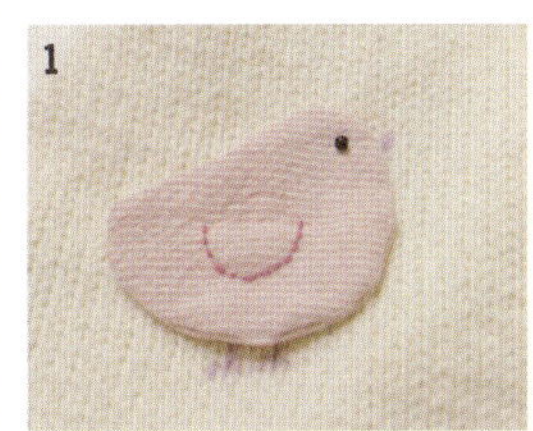

1

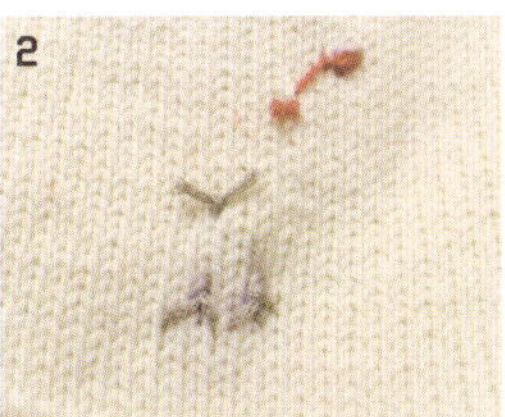

2

3

4

원피스에 꼬꼬아플리케를 고정
시킬 위치를 정하고 부리와 다
리를 바느질할 곳을 표시해두
세요.

부리와 다리를 먼저 바느질하고
실의 매듭이 꼬꼬아플리케를 고
정시킬 위치에 오게 하세요.

꼬꼬아플리케를 공그르기로 고
정시켜요. 매듭이 아플리케 뒤
에 숨어 보이지 않아요.

꼬꼬 주변을 바느질로 장식하
세요.

- - - -> 87쪽에 있어요

07 간편하게 활용하는 원형 넥 워머

길게 짠 목도리를 돌돌 감는 대신에 원형 니트를 목에 씌우는 넥 워머는
착용하기 간편해 아이나 어른 모두 애용하는 겨울 아이템이에요.
엄마가 사용할 것은 넉넉한 사이즈로 만들고
아기용은 귀여운 아플리케 등을 달아 앙증맞게 꾸며주세요.

- - - - - -> 90쪽에 있어요

08 토끼 귀마개 모자와 방울 목도리

깜찍한 토끼 얼굴 아플리케로 귀를 살포시 덮어주는 모자예요.
끈을 달아 벗겨지지 않게 만들면 실용적이지요. 방울 달린 목도리와 세트로 만들어주세요.
엄마가 만든 모자와 목도리를 두르면 세상에서 가장 사랑스러운 아기가 되겠지요?
스티치나 아플리케, 방울 장식 등을 활용하면 디자인까지 완벽한 손뜨개 아이템이 됩니다.

- - - - -> 91쪽에 있어요

09
꼬꼬마 망토와 방울 모자

망토와 모자를 세트로 만들어 아기의 겨울 외출복을 하나 장만해주세요.
모자에는 방울을 달고 망토의 연결 부분에는 스티치를 더해 세련되게 꾸몄어요.
망토의 목 부분은 입고 벗기 편하도록 똑딱단추로 마무리하세요.
망토는 넉넉한 사이즈로 만들어 오래 두고 입혀도 좋아요.

92쪽에 있어요 ← - - - -

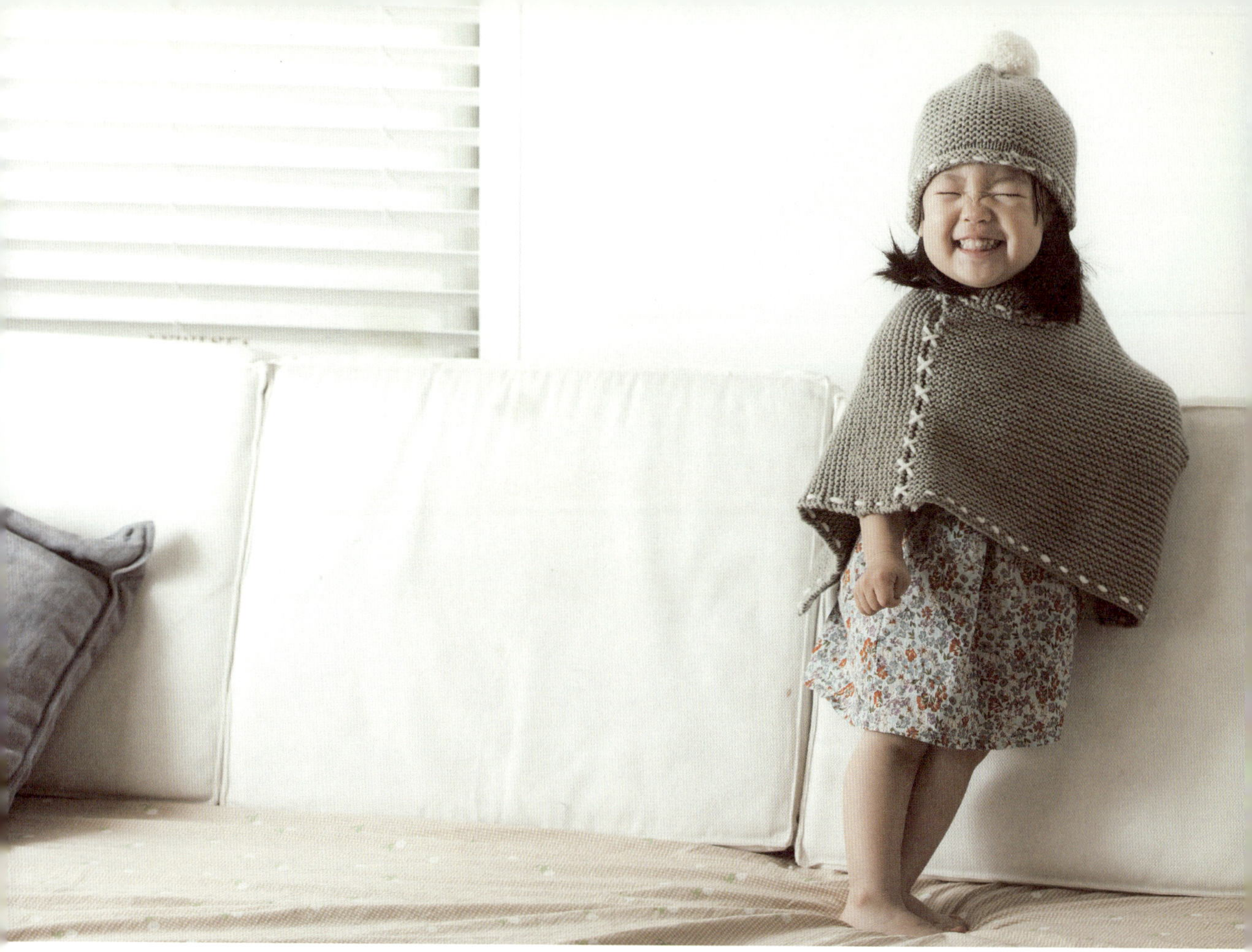

Close-up!

망토 만들기

1 뜨개질한 앞판과 뒤판 2장을 서로 포개놓고 돗바늘로 사방을 꿰매세요.

2 이때 얼굴이 나올 자리를 남겨야 해요. 풀오버(pullover)처럼 위에서 아래로 입는 망토랍니다.

모자 만들기

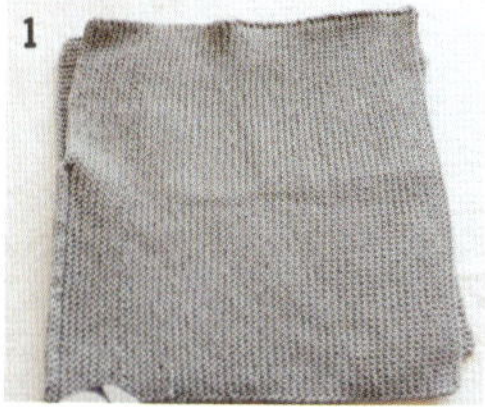

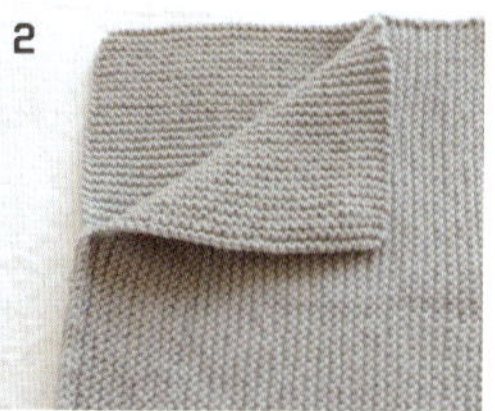

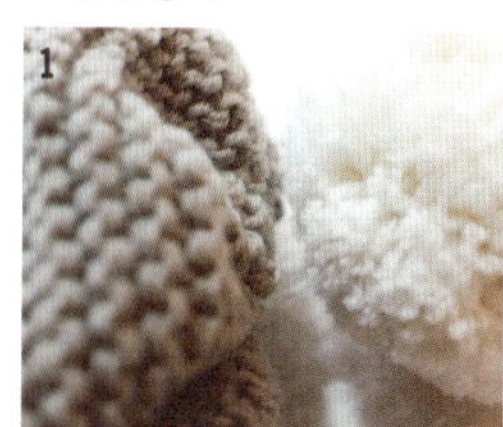

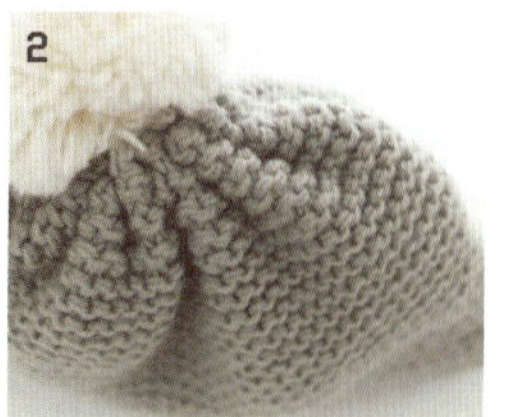

1 모자의 윗부분은 돗바늘로 모아가며 꿰매 오므려주세요.

2 모자 꼭대기에 방울을 달아요. 최대한 안쪽으로 꿰매 겉에서 보이지 않도록 해야 깔끔해요.

10

작은 주머니가 달린 줄무늬 반팔티셔츠

오렌지와 화이트로 상큼한 컬러 배색을 넣은 반팔 니트예요.
목 뒤쪽에 단추를 달아 입고 벗기에 편하고 목 부분이 늘어나지 않아요.
쉽게 뜨는 방법으로 만드는 만큼 완성된 모양이 단순해 밋밋할 수 있으니
프린트 원단 등으로 포인트를 주세요.

자투리로 만들어요!

93쪽에 있어요 ← - - - - -

Close-up!

단추 달기

티셔츠 뒤쪽 여밈 부분은 단추와 고리를 달아주세요.

주머니 달기

1

집에 있는 자투리 원단으로 주머니를 만들어요. 바느질한 뒤 창구멍으로 뒤집으면 깔끔하게 주머니가 완성됩니다.

2

주머니를 달 위치를 정한 뒤 스티치로 고정시켜요. 바늘땀이 겉에서 보이도록 쉽게 마무리합니다.

11
체크 원단으로 끈을 만든 멜빵바지

오버올(overall)이라고도 부르는 멜빵바지는 어린아이에게 잘 어울리지요.
손뜨개로 쉽게 만들려면 일반적인 바지 모양을 뜨고 원단으로
끈을 만들어 어깨에 걸치는 부분을 이어주면 돼요.
어깨끈은 뒤쪽에서 X 모양으로 교차시켜 흘러내리지 않도록 했어요.
끈과 같은 원단으로 무릎에 패치워크 장식을 덧대는 것도 좋은 아이디어!

96쪽에 있어요 <- - - - -

12
버튼홀스티치로 꾸민 베이비 빕

빕(bib)은 아기의 턱받이를 말해요. 요즘 유행하는 베이비 빕은
턱받이 용도뿐 아니라 액세서리나 바람을 막아주는 보온용으로도 인기 있는 아이템입니다.
삼각형으로 만들어 양 끝에 단추만 달아주면 정말 간편하게 사용할 수 있어요.
예쁜 라벨을 달아주거나 스티치를 더해 아기에게 어울리는 스타일로 꾸며주세요.

- - - - -> 99쪽에 있어요

Close-up!

가장자리를 버튼홀스티치로 꾸민 다음 원하는 위치에 라벨이나 단추 등을 달면 더욱 예쁜 빕이 완성됩니다. 시중에 판매하는 패브릭 라벨이나 리본을 이용하거나 조각천을 접어 박아 라벨을 만들어도 좋아요. 라벨 사방 끝은 실로 한 땀씩만 떠서 고정시켜요.

13
꼬마 숙녀에게 어울리는 오픈식 조끼

세일러복 스타일로 프린트 원단을 덧대 장식해보세요.
단순한 모양으로 뜬 조끼의 칼라 부분에 원단을 끼워 마치 스카프를 두른 것처럼 보여요.
조끼 컬러와 원단의 패턴이 무엇이냐에 따라 전혀 다른 분위기가 됩니다.
포인트 원단을 활용해 인형까지 세트로 만들어 딸에게 선물하세요.

Close-up!

1 조끼 뒷목 부분에 스카프를 바느질로 고정시켜요.

2 조끼 칼라 부분의 틈으로 스카프를 통과시킵니다.

3 스카프는 앞쪽에서 리본 모양으로 묶거나 늘어뜨리면 예뻐요.

자투리로 만들어요!

- - - -> 100쪽에 있어요

14
꽃무늬 원단을 덧댄 원피스

꽃무늬 원단을 목과 원피스 아랫단에 덧대 마치
면 소재와 니트를 겹쳐 입은 듯한 느낌의 원피스예요.
털실과 원단의 컬러를 같은 계열로 선택해 여성스러우면서
세련된 느낌을 주지요. 등 부분에는 리본 장식을 올리며
양쪽에서 주름을 잡아 꿰매 사랑스럽게 만들었답니다.

- - - - -> 102쪽에 있어요

✂ Close-up!

리본 만들기

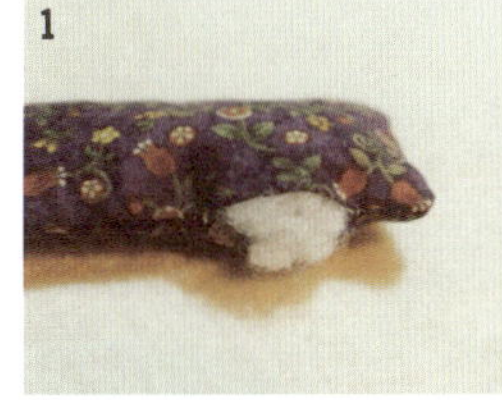
1

2

3

밑단 꿰메기

원피스 뒤쪽에 달 리본을 자투리 천으로 만들어요. 길쭉한 모양으로 바느질한 원단 속에 솜을 넣어 도톰하게 만듭니다.

솜을 넣은 구멍은 감침질로 마무리하세요.

가운데를 손으로 잡고 같은 원단을 둘러 바느질해 리본 모양을 완성하세요.

시접을 정리한 원단을 뜨개질로 만든 원피스 밑단에 대고 시침핀으로 고정시킨 뒤 꿰매요.

자투리로 만들어요!

15
넥타이로 포인트를 준 외출용 카디건

귀여운 남자아이에게 만들어 입히기 좋은 스타일이에요.
팔과 몸통을 이어 뜨는데, 코만 늘리고 처음부터 끝까지 한 가지 방법으로만 뜨면 돼요.
어울리는 컬러의 털실로 가는 끈 모양을 떠서 넥타이로 연출하면 근사한 외출복이 됩니다.
돌잔치에 입을 옷으로 선물해도 근사할 것 같아요.

Close-up!

넥타이도 가터뜨기로 간단하게 만들 수 있
어요. 카디건과 같은 색깔 보다는 스티치 장
식을 넣은 실과 같은 색깔로 만들면 더 멋스
럽지요. 긴 끈 모양으로 간단하게 안뜨기하
면 됩니다.

16
파티드레스 세트

여자아이용 드레스예요.
가슴 부분은 손뜨개하고 치마는
원단으로 장식했더니 한복드레스 느낌도 나지요?
원단과 털실을 적절히 사용해
드레스, 숄, 가방까지 만들어보세요.
파티용 의상으로 손색없는 풀 세트가 완성됩니다.
공주님 돌잔치나 연말 모임에 입히기 딱 좋지요?

- - - - - -> 107쪽에 있어요

가슴과 치마 잇기

가슴 부분은 뜨개질로, 치마 부분은 원단으로 만들어요. 니트와 원단을 시침핀으로 고정시키고 뒷면에서 바느질하면 간단하게 이을 수 있어요.

가방 안감 대기

뜨개질로 만든 가방 몸통 안쪽은 원단으로 처리해요.

원단의 시접을 살짝 안으로 접어 넣고 감침질하면 됩니다.

코사지 만들기

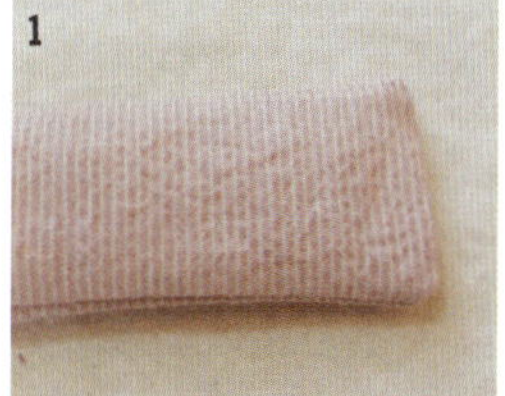

자투리 원단을 긴 끈 모양의 직사각형으로 재단해 박음질한 뒤 뒤집어주세요.

한쪽 가장자리를 듬성듬성 홈질한 뒤 잡아당겨 오글오글 꽃 모양을 만들어요.

모양을 예쁘게 정리하고 가운데에 레이스로 꽃술 장식을 달아줍니다.

17
엄마와 아기의 커플 목도리

- - - - - - - - - - - - -

단이 바뀌어도 계속해서 겉뜨기 1코,
안뜨기 1코를 번갈아 뜨는 멍석뜨기로 만들면
심플한 디자인의 일자 목도리가 됩니다.
동글동글 입체적인 조직이 특징이에요.
끝부분에 술을 달면 핸드메이드 느낌 물씬 나는
멋진 목도리가 된답니다.

109쪽에 있어요 ← - - - - -

18
주머니 모양의 아기 배낭

입구의 끈을 잡아당겨 주머니 모양으로 오므리는 앙증맞은 모양의 배낭이에요.
니트 소재라 가벼워서 아기 어깨에 메기에 알맞아요.
안쪽은 면 소재 원단으로 마무리해 실용적이랍니다.
배낭 끈을 손뜨개로 만들어 신축성이 있으니 길이는 너무 길지 않게 하세요.

- - - - -> 110쪽에 있어요

자투리로 만들어요!

19
줄무늬로 뜬 냥이 블랭킷

새침데기 고양이를 아플리케로 덧댄 블랭킷이에요.
몇 가지 컬러를 배색해 모양은 단순하지만 개성 있는 멋진 아이템이랍니다.
가장자리는 원단으로 감싸 장식 효과를 주면서 끝이 해지지 않게 처리했어요.
아기의 낮잠 이불이나 엄마 무릎담요로 사용해도 좋고,
유모차에 아기를 태우고 외출할 때 덮어주면 찬바람을 막아주는 든든한 보호막이 됩니다.

자투리로 만들어요!

 Close-up!

손뜨개로 만든 블랭킷 가장자리
에 덧댈 원단을 준비하세요. 시
접 분량을 고려해 재단합니다.

둘레에 맞춰 원단을 씌우고 서
로 교차하는 가장자리는 안쪽으
로 잘 접어 넣은 뒤 시침핀으로
고정시켜요.

안쪽에서 바느질로 꿰매 마무리
합니다.

- - - → 111쪽에 있어요
(뭉치 인형은 98쪽)

알록달록 구름 손가방

외출할 때 간단한 아기용품을 넣기 좋은 가방이에요.
작게 만들면 아기가 직접 들고 다닐 손가방이 되고, 좀 더 크게 만들면 엄마가 사용할 수 있지요.
알록달록 다양한 컬러의 실로 가방을 만들고 방긋 웃는 구름 얼굴 아플리케로 장식하세요.
무게를 지탱해야 하는 끈 안쪽에는 원단을 박음질해 튼튼하게 만들어주세요.

112쪽에 있어요 ←- - - - -

Close-up!

구름 만들기

1 구름 얼굴 부분은 스티치와 패치워크로 장식하세요.

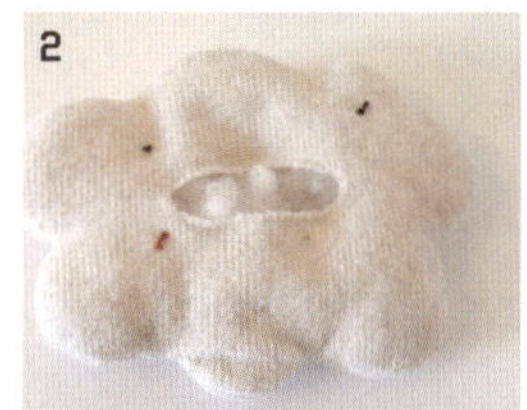

2 구름 뒤쪽에 가위집을 내고 솜을 적당히 채워 입체감 있는 구름을 완성해요.

가방 손잡이 만들기

1 손잡이 뒤쪽에 원단을 대면 더욱 튼튼하고 실용적이랍니다.

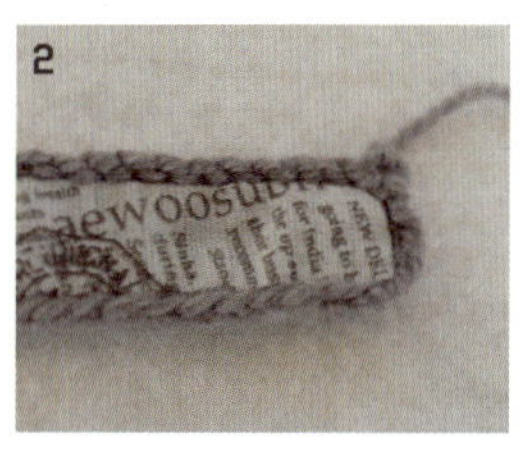

2 가방 안쪽에도 원단을 대 가방이 늘어지거나 보푸라기가 이는 것을 막을 수 있지요. 손잡이는 가방 안감을 대는 과정에서 끼워 넣어 마무리하면 깔끔해요.

자투리로 만들어요!

21
손싸개 모양의 아기 장갑

손가락 모양을 만들 필요 없이 일자로 쭉 뜨고 옆면과 앞쪽을 바느질로 꿰매
오므리면 손싸개 모양의 아기 장갑이 완성됩니다.
아기 손에서 쏙 빠져나가지 못하도록 손목에는 실을 넣어 묶을 수 있게 해주세요.

- - - - -> 114쪽에 있어요

114쪽에 있어요 ←-----

22
손가락이 밖으로 나오는 핸드워머

핸드 워머는 장갑보다 보온성은 조금 떨어지지만
손가락이 밖으로 나와 실용적이고 멋스러워요. 손바닥과 손등 부분은
가터뜨기로 뜨다가 끝부분은 메리야스뜨기로 바꿔 손목 부분이 조여지도록 하세요.
같은 방법으로 엄마 것도 세트로 만들면 좋아요.

23
앞여밈이 깜찍한 꼬마 숙녀 목도리

여자아이에게 잘 어울리는 디자인이에요.
여러 번 두르지 않고 앞쪽에서 양쪽 끝을 서로 교차시켜 간단하게 여밀 수 있게 만들었어요.
원하는 컬러와 간격으로 줄무늬를 만들어 개성 있게 만들어보세요.

뜨개질로 길쭉한 끈 모양을 뜬 뒤 동그랗게 말아 링 모양을 만들어요. 적당한 위치에 고정시키면 목도리의 여밈 장식이 됩니다.

→ 115쪽에 있어요

116쪽에 있어요 ←------

24
토끼와 곰돌이 보온주머니

병 속의 내용물을 따뜻하게 유지시켜주는 보온용 주머니예요.
젖병이나 음료수병, 보온병 등을 넣기 좋은 사이즈로 만들었어요.
주머니의 몸통은 직선으로 떠서 양 끝만 꿰매주고 밑판은 원단을 연결해 마무리합니다.
단순한 방법으로 만들었지만 아기자기한 동물 모양 아플리케로 꾸며 하나쯤 꼭 갖고 싶은 주머니예요.

Close-up!

밑바닥 만들기
주머니 밑바닥은 원단으로 마무리하세요. 주머니 모양 전체를 손뜨개로 만드는 것보다 방법도 쉬울 뿐 아니라 주머니에 병을 넣었을 때 아래를 단단하게 받쳐줍니다.

끈 끼우기
털실을 돗바늘에 끼워 주머니 위쪽 둘레에 듬성듬성 바느질해 통과시켜요. 잡아당겨 입구를 오므릴 수 있어요.

25
키다리 곰돌이 커플

아기 친구 곰돌이 인형을 만들어보세요.
아기가 안았을 때 제법 듬직하도록 키를 크게 만들면 더 좋겠죠?
엄마가 뜨개질과 바느질로 정성스럽게 만들었으니
곰돌이 인형과 함께 놀면서 감성 풍부한 아이로 자랄 거예요.
타월 원단과 손뜨개의 느낌이 보송보송해 정말 사랑스럽답니다.
형제끼리, 친구끼리 싸우지 않게 커플로 만들어두세요.

- - - - -> 118쪽에 있어요

26
목도리를 두른 엄마 토끼, 아기 토끼

노란 실과 하얀 실로 줄무늬 옷을 입힌 토끼랍니다.
하나는 크게, 하나는 작게 만들어 엄마 토끼와 아기 토끼가 됐어요.
복슬복슬한 인조 양털 원단을 잘라 목도리로 둘러주니 귀엽네요.
집에 있는 자투리 원단으로 목도리를 만들어 이것저것 바꿔 둘러봐도 재미있어요.

- - - -> 120쪽에 있어요

27
태어나 처음 만나는 장난감, 흑백모빌

신생아기에는 색깔을 구별하지 못해요. 그래서 아기의 첫 모빌은 흑백 대비가 명확한 것이 좋지요.
오뚝이처럼 생긴 꼬마들을 흰색과 검정색 털실로 떠서 작은 모빌을 만들어보세요.
인형 안쪽에는 솜을 넣어 통통하고 귀엽게 만들어요.

Close-up!

흰색과 검정색 털실만 가지고 다양한 모양과 표정의 꼬마들을
만들 수 있어요. 털실로 다양한 스타일의 머리카락을 만들어 붙
이고 스티치로 눈과 코를 만들어 넣어요. 머리 위쪽에 털실을 연
결해 모빌 끈을 달아줍니다.

→ 122쪽에 있어요

28

꼬물꼬물 요정들이 날아다니는 컬러모빌

머리에 두건을 쓰고 한껏 멋을 부린
요정들이 날아다니는 모빌이에요.
색색의 실로 떠서 몸을 만들고 얼굴은
솜을 잔뜩 넣어 동그랗게 만들어요.
털실로 머리카락도 만들어 붙여 깜직한 모양이 완성됐어요.

123쪽에 있어요 ←------

Close-up!

1

요정 얼굴은 보송보송한 타월로 만들어요. 먼저 속에 솜을 채우고 동그랗게 오므려 뒤쪽에서 바느질해요.

2

얼굴 앞쪽에 단추로 눈을 달고 스티치로 입을 만들어주세요.

3

털실을 잘라 머리카락을 만들어 붙여요.

4

요정의 몸은 사각형으로 간단하게 뜨면 돼요. 얼굴과 뜨개 부분은 바느질해 연결하세요.

5

머리에 예쁜 두건을 씌워주세요. 자투리 천을 두건 모양으로 잘라 머리카락 쪽에 안 보이게 꿰매 고정시킵니다.

6

두건을 얼굴에 두르고 아래쪽에서 고정시켜요.

29
컬러 블록 주사위

손뜨개로 주사위를 만든다니 색다른 아이디어지요?
정사각형으로 손뜨개 조각을 만들어
색색가지 여섯 개의 면을 이어주세요.
안쪽에는 스폰지를 넣어 단단하게 만들고
 스폰지 가운데에는 딸랑이를 넣어 소리가 나게 합니다.
주사위 겉면에는 숫자나 알파벳 등을
아플리케해 아기의 호기심을 자극하세요.

- - - - -> 124쪽에 있어요

Close-up!

주사위 안쪽에는 정육면체의 스폰지를 넣어
모양을 만듭니다. 이때 스폰지의 모서리를
살짝 잘라 둥글려주세요. 그래야 뜨개질로
만든 커버를 씌웠을 때 도드라지지 않고 자
연스럽게 정리됩니다.

30
유럽스타일 토끼 인형

몸통도 얼굴도 팔다리도 모두 직접 떠서 만드니 하나뿐인 귀한 인형이 됐어요.
마치 오래오래 곁에 두고 손때 묻은 인형처럼!
친근하면서 세련된 컬러 배색으로 멋스럽기까지 하지요.
커다란 귀는 원단을 이용해 변화를 주세요.
한 땀 한 땀 표정까지 세심하게 만들어 아기에게 선물하세요.

125쪽에 있어요 <- - - - -

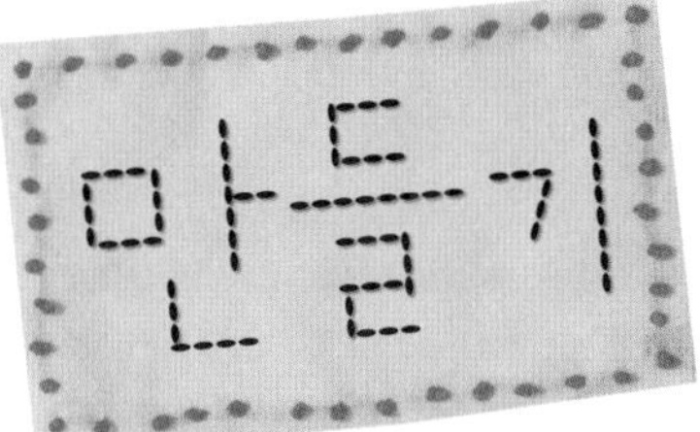
만들기

01 곰돌이 아플리케를 덧댄 줄무늬 바지 - - - - → 18쪽에 있어요

Ready

대바늘(4.5mm), 털실 – 아이보리색 150g, 회색 30g

곰돌이 아플리케용 원단 – 유기농 타월 원단 30×40cm, 실, 돗바늘

How to make

✓ 바지 만들기 전체 바지 길이 37cm

손뜨개 부분은 76쪽 '윙크 냥이 5부바지'와 동일합니다. 원하는 색과 간격으로 실을 바꿔가며 줄무늬를 넣어보세요.

1 일반코 12cm(27코)를 잡아 메리야스뜨기로 13cm(36단)를 뜬다. 같은 방법으로 한 장을 더 뜬다.

2 ①의 한 장을 한 단 걸뜨기로 뜬 뒤, 손가락에 걸어 14코를 만들고 나머지 한 장을 연결해서 뜬다.

3 ②를 메리야스뜨기로 24cm(64단)를 뜬 뒤, 코막음 한다.

4 ①~③과 같은 방법으로 한 장을 더 뜬다.

5 ④의 두 장을 맞대어 돗바늘로 꿰맨다.

- 방법 1 : 겉면에서 메리야스뜨기로 꿰맨다. – 13쪽 메리야스뜨기로 꿰매기

- 방법 2 : 돗바늘로 꿰매는 것이 어렵다면 두 장을 겉면끼리 맞대고 표시선을 따라 0.5cm 안쪽에 돗바늘로 털실색과 같은 색 실로 박음질한다.

6 ③의 메리야스뜨기한 부분의 맨 위 2cm를 겉으로 접어 고무줄을 끼운다.

7 바지의 엉덩이 부분에 캐릭터 아플리케를 공그르기 한다.

8 곰돌이 아플리케를 엉덩이 부분에 공그르기로 바느질하고 앞부분에도 작은 곰돌이를 공그르기로 바느질한다.

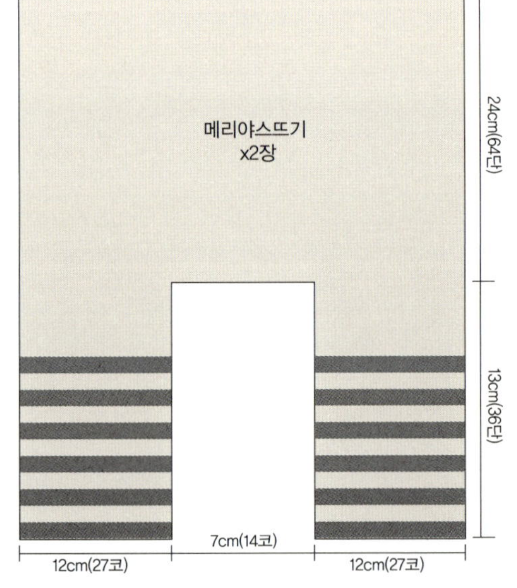

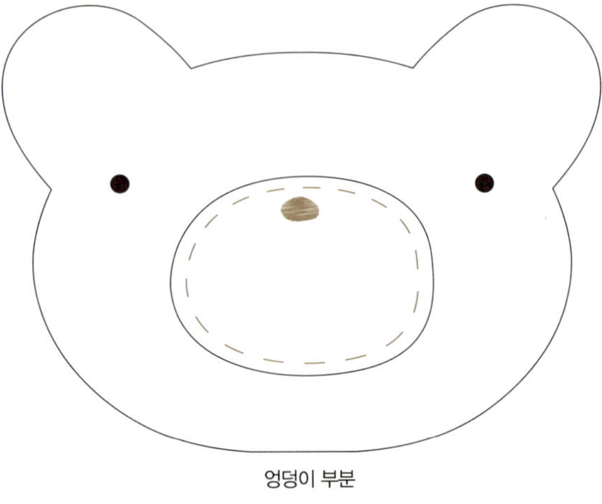

● 실물도안의 50%입니다.
원하는 크기로
확대 또는 축소해서 사용하세요.

바지 부분

엉덩이 부분

재단하기

큰 얼굴 2장, 큰 코 2장, 작은 얼굴 2장, 작은 코 2장
– 유기농 타월 원단

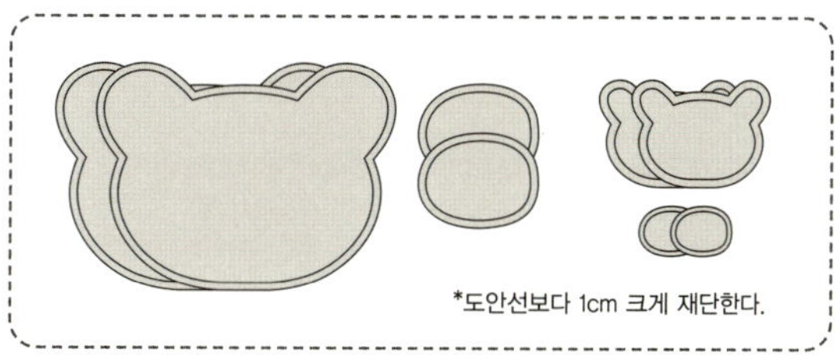

코 만들기

1 코 원단 두 장을 겉기리 마주 대고 박음질한다.

2 시접을 0.5cm남기고 정리한 뒤 한쪽 면에 가위집
을 내어 뒤집는다.

3 색실로 촘촘하게 바느질 해 코 모양을 만들고 코
의 테두리를 따라 홈질을 한다.

4 뒷면 가위집은 감침질한다.

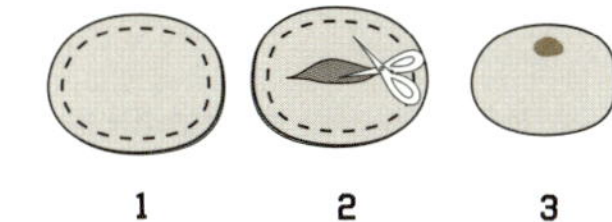

얼굴 만들기

5 얼굴원단 한 장에 구슬 눈을 달고 ④를 공그르기로 바느질한다.

6 나머지 한 장의 얼굴 원단과 ⑤를 겉끼리 마주 대고 창구멍을 남기고 박음질
한 뒤 시접을 0.5cm만 남기고 정리한다.

7 창구멍을 통해 뒤집는다.

8 창구멍은 공그르기한다.

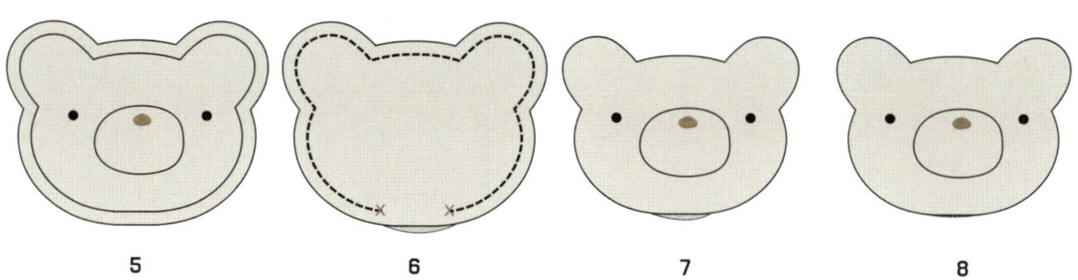

자투리로 만들어요!

목도리 두른 곰돌이

- 만드는 방법은 118쪽 '키다리 곰돌이 커플'을 참조하세요.
- 크기와 실, 원단 등을 바꿔가며 다양한 인형을 만들 수 있어요.

Ready

대바늘(4.5mm), 털실 – 카키색 180g, 캐릭터 아플리케용 원단 – 유기농 원단 20×40cm

돗바늘, 색실,

How to make

✓ 바지 만들기 전체 바지 길이 37cm
*손뜨개 부분은 74쪽 '줄무늬 바지'와 동일합니다.

1 일반코 12cm(27코)를 잡아 메리야스뜨기로 13cm(36단)를 뜬다. 같은 방법으로 한 장을 더 뜬다.

2 ①의 한 장을 한 단 겉뜨기로 뜬 뒤, 손가락에 걸어 14코를 만들고 나머지 한 장을 연결해서 뜬다.

3 ②를 메리야스뜨기로 24cm(64단)를 뜬 뒤, 가터뜨기로 2cm를 뜨고 코막음한다.

4 ①~③과 같은 방법으로 한 장을 더 뜬다.

5 ④의 두 장을 맞대어 돗바늘로 꿰맨다.

- 방법 1 : 겉면에서 메리야스뜨기로 꿰맨다. – 13쪽 메리야스뜨기로 꿰매기

- 방법 2 : 돗바늘로 꿰매는 것이 어렵다면 두 장을 겉면끼리 맞대고 표시선을 따라 0.5cm 안쪽에 돗바늘로 털실색과 같은 색 실로 박음질한다.

6 ③의 가터뜨기로 2cm 뜬 부분을 겉으로 접어 고무줄을 끼운다.

7 허리와 바지 밑단에 아이보리색실로 홈질을 해 장식한다.

8 바지의 엉덩이 부분에 캐릭터 아플리케를 공그르기 한다.

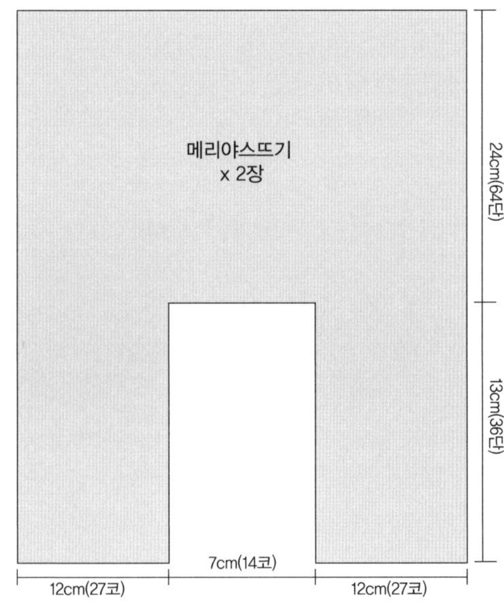

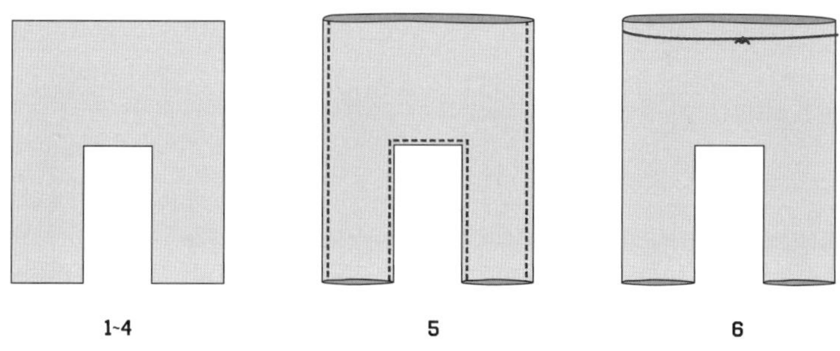

∨ 캐릭터 아플리케 만들기

재단하기
얼굴 원단 2장 – 유기농 원단

1 얼굴 원단 한 장에 갈색실(4겹)로 눈 모양을
   바느질하고 입은 주황색실로 박음질한다.
2 나머지 한 장의 얼굴 원단과 바지 부분 ⑧
   을 겉끼리 마주 대고 창구멍을 남기고 박음
   질한다.
3 시접을 0.5cm 남기고 정리한 뒤 창구멍으
   로 뒤집는다.
4 창구멍은 공그르기한다.
5 0.5cm 안쪽으로 테두리를 따라 색실로 홈
   질한다.

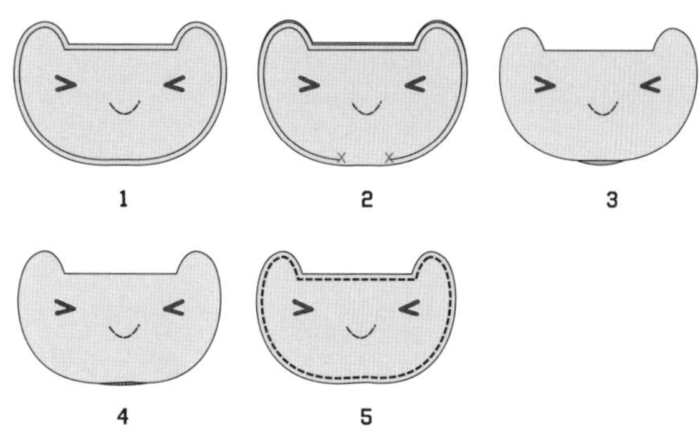

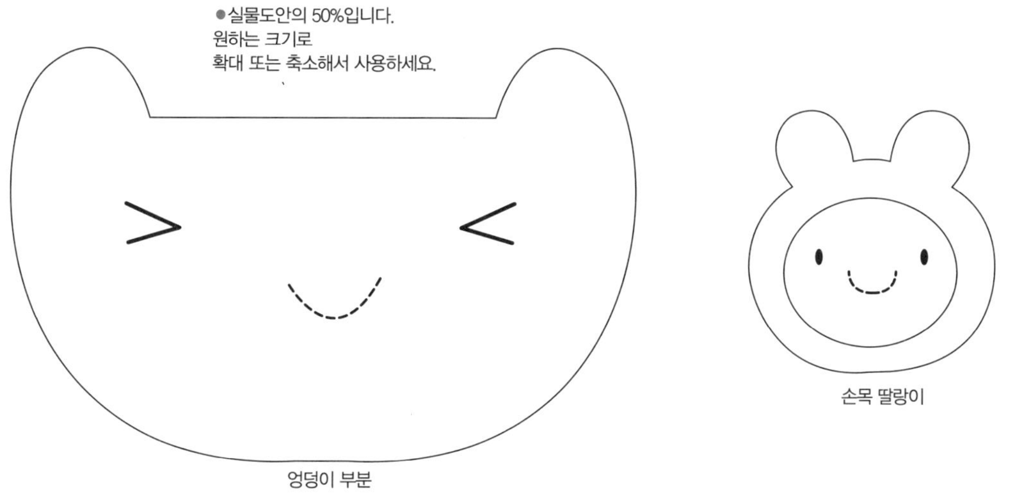

●실물도안의 50%입니다.
원하는 크기로
확대 또는 축소해서 사용하세요.

엉덩이 부분

손목 딸랑이

스마일 손목 딸랑이

Ready

대바늘(3.5mm), 털실 – 베이지색 조금, 캐릭터 아플리케용 원단 – 유기농 양면 원단 10×20cm, 유기농 벨보아 원단 15×25cm

색실, 솜, 소리도구, 똑딱단추 1쌍

How to make

재단하기
큰 얼굴 2장 – 유기농 벨보아원단
동그란 얼굴 2장 – 유기농 양면 원단

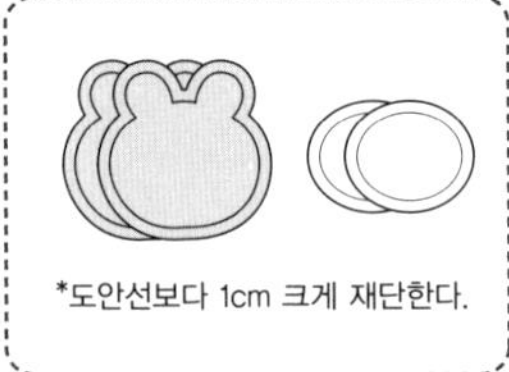

✓ **손목 끈 만들기** 가로 18cm, 세로 3cm
베이지색실 1겹으로 가 15cm(39코) 가터
뜨기로 3cm(14단)을 뜨고 코막음한다.

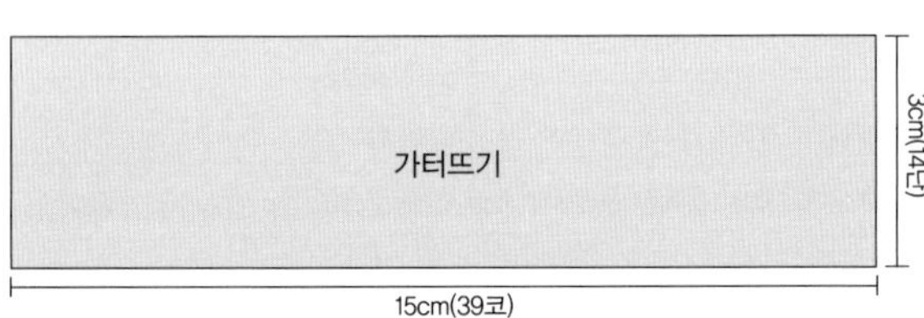

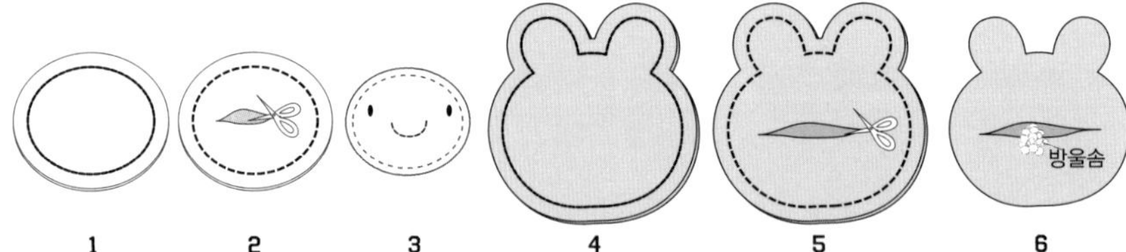

✓ **캐릭터 아플리케 만들기**

1 동그란 얼굴 원단 두 장을 포개어 박음질한다.

2 시접을 0.5cm남기고 정리한 뒤 한쪽에 가위집을 내어 뒤집는다.

3 갈색실로 눈을 촘촘하게 바느질하고 입은 주황색실로 박음질 한 뒤 테두리를 따라 색실로 홈질한다.

4 큰 얼굴 원단 두 장을 겉끼리 포개어 박음질한다.

5 시접을 0.5cm남기고 정리한 뒤 그림과 같이 한쪽에 가위집을 내어 뒤집는다.

6 가위집을 통해 솜과 소리도구(딸랑이)를 넣고 감침질을 한다.

7 ③을 ⑥의 앞면에 올려놓고 공그르기한다.

8 만들어둔 손목 끈 부분을 얼굴의 감침질한부분과 맞대어 박음질로 고정시킨다.

9 아기의 손목 사이즈에 맞추어 똑딱단추를 단다.

Ready

대바늘(4.5mm), 털실 – 베이지색 270g, 아이보리색(스티치용) 10g, 안감용 원단 – 꽃무늬 75×40cm, 돗바늘
똑딱단추 4쌍, 싸개단추 또는 장식단추 4개

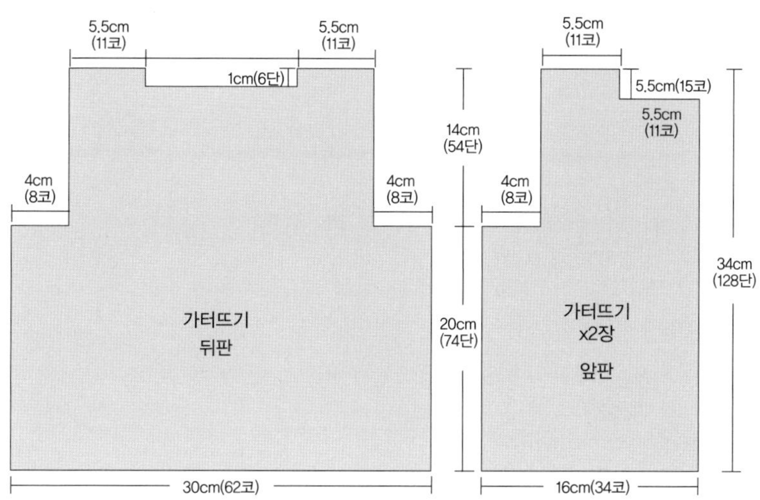

How to make

✓ **뒤판 만들기** 가로 30cm, 세로 34cm

1 일반 코 30cm(62코)를 잡아 메리야스뜨기로 20cm(74단)를 뜬다.

2 진동 부분(양옆 8코)의 코를 코막음한다.

3 가터뜨기로 13cm를 뜬다.

4 오른쪽 11코를 가터뜨기로 1cm 뜬 뒤 코막음한다. 나머지 코는 다른 바늘에 옮겨놓는다. – 어깨 부분

5 왼쪽 11코를 남기고 중앙코는 모두 코막음한다. – 뒷목 부분

6 왼쪽 11코를 가터뜨기로 1cm 뜬 뒤 코막음한다. – 어깨 부분

✓ **앞판 만들기** 가로 16cm, 세로 34cm

7 일반 코 16cm(34코)를 잡아 가터뜨기로 20cm(74단)를 뜬다.

8 진동 부분(오른쪽 8코)의 코를 코막음한다.

9 나머지 코 8.5cm를 가터뜨기한 뒤 15코를 코막음한다. – 앞목 부분

나머지 코를 5.5cm를 메리야스뜨기한다. – 어깨 부분

같은 방법으로 대칭이 되도록 떠서 앞판 한 쪽을 더 뜬다.

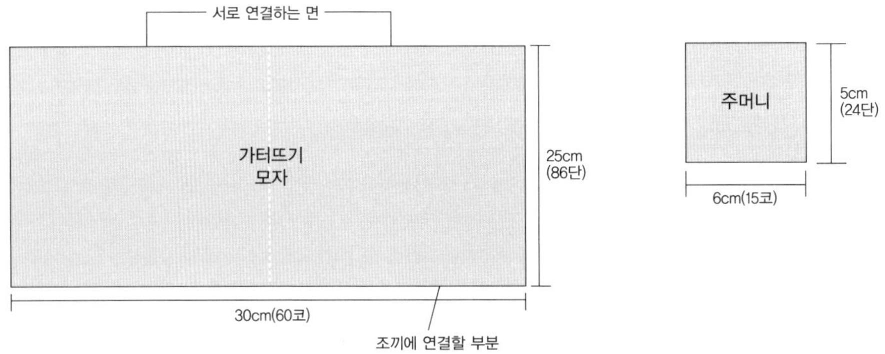

✓ **모자 만들기** 가로 30cm, 세로 25cm

10 일반 코 30cm(60코)를 잡아 가터뜨기로 25cm(86단)를 뜬 뒤 코막음한다.

11 반으로 접고 한쪽 가장자리를 꿰매 모자 모양을 만든다.

✓ **앞판과 뒤판 연결하기**

12 앞판과 뒤판을 조끼 모양대로 포개놓고 양쪽 옆선을 돗바늘로 꿰맨다. 14쪽 가터뜨기로 꿰매기

13 양쪽 어깨 부분은 돗바늘로 꿰맨다.

14 ⑪의 모자를 돗바늘로 꿰매 조끼에 연결한다.

*양끝을 고정시키고 가운데에서부터 양끝을 향해 일정한 간격으로 꿰매요!

15 일정한 간격으로 똑딱단추 4쌍을 달고 그 위에 싸개단추나 장식단추로 장식한다.

*주머니를 정사각형으로 떠서 달아도 좋고 스티치나 아플리케 등으로 장식해도 예뻐요!

✓ **속감 대기** 25쪽 사진 참조

16 원단은 뜨개 부분보다 1cm 크게 재단한다. 앞판과 뒤판을 겉끼리 포개놓고 어깨 부분을 먼저 바느질한다. 이때 시접 1cm를 남기고 꿰맨다. 나머지 부분은 사방 1cm를 뒤쪽으로 접어 다림질한 뒤 손뜨개 조끼에 공그르기로 고정시킨다.

17 라벨을 만들어 달아준다.

자투리로 만들어요!

스웨터 입은 곰돌이

- 만드는 방법은 118쪽 '키다리 곰돌이 커플'을 참조하세요.
- 자투리 실과 원단으로 작고 아담한 곰 인형을 만들어요.

04 체크무늬 부엉이 주머니 조끼 - - - -> **26쪽에 있어요**

Ready

대바늘(4.5mm), 털실 – 카키색 120g, 아이보리색 10g, 주머니용 원단 – 체크무늬 10×20cm, 아이보리색 7×5cm, 아플리케용 실

돗바늘, 똑딱단추 4쌍, 싸개단추 또는 장식단추 4개, 비즈 1쌍

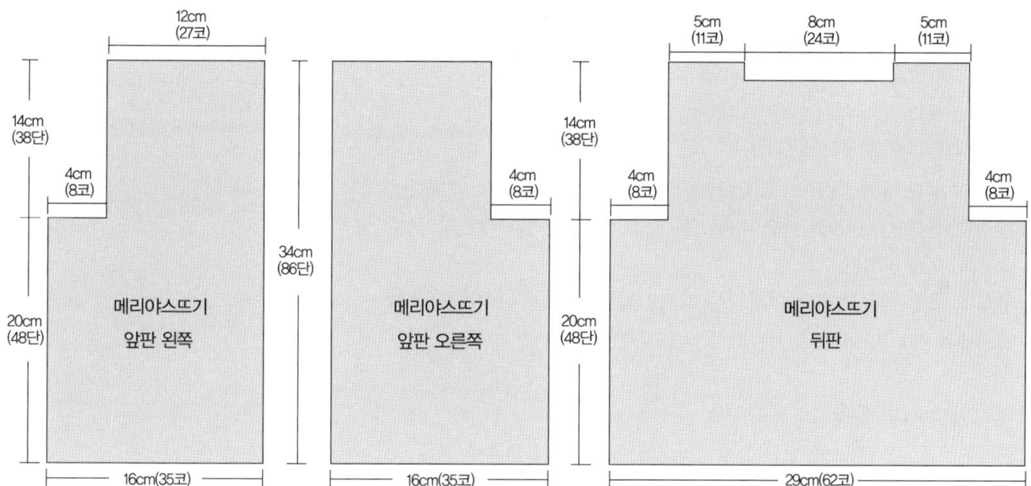

✓ 만들기

뒤판 가로 29cm, 세로 34cm

1 일반코 29cm(62코)를 잡아 메리야스뜨기로 20cm(48단)을 뜬다.

2 조끼의 양 옆 진동코 8코를 코막음한다.

3 다시 메리야스뜨기로 14cm(38단)를 뜬다.

4 오른쪽 11코는 메리야스뜨기로 1cm를 뜬 뒤 코막음하고 나머지 코는 다른 바늘에 옮겨놓는다. – 어깨 부분

5 왼쪽 11코를 남기고 가운데의 코는 모두 코막음한다. – 뒷목 부분

6 왼쪽 11코는 메리야스뜨기로 1cm를 뜬 뒤 코막음한다. – 어깨 부분

앞판 가로 16cm, 세로 34cm

7 일반코 16cm(35코)를 잡아 메리야스뜨기로 가로 16cm×세로 20cm가 되도록 뜬다.

8 조끼의 양 옆 진동은 오른쪽 한쪽만 8코를 코막음한다.

9 나머지 코는 메리야스뜨기로 14cm 뜬 뒤 코막음한다. 같은 방법으로 대칭이 되도록 앞판을 한 장 더 뜬다.

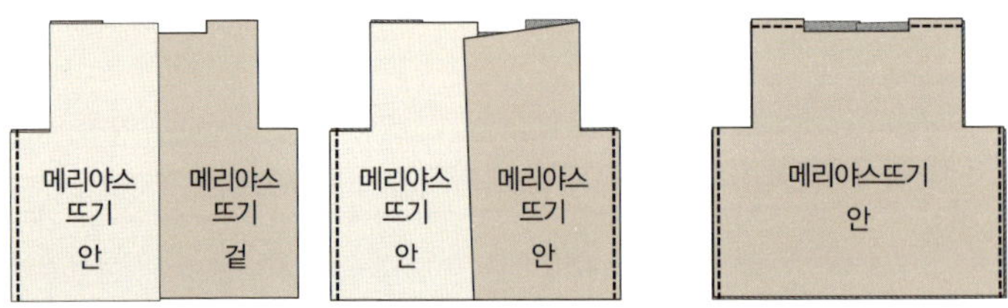

✓ 앞판과 뒤판 연결하기

10 뒤판과 앞판을 돗바늘로 꿰매 연결한다. 이때 메리야스뜨기의 안쪽 면이 겉으로 나오게 해서 맞댄 뒤 꿰맨다.

11 양쪽 어깨 부분은 메리야스뜨기로 연결한다.

12 아이 몸에 맞게 사진(27쪽)과 같이 칼라위치를 잡고 돗바늘로 꿰맨다.

13 일정한 간격으로 똑딱단추를 4쌍을 달고 그 위에 싸개단추나 장식단추를 달아 마무리한다.

14 부엉이 모양 아플리케 주머니를 공그르기하여 한쪽에 달아준다. 이때 윗부분을 제외한 나머지 세 면만 공그르기 한다.

✓ 부엉이 주머니 만들기

1 캐릭터 모양으로 재단한 원단을 겉끼리 마주 댄 뒤 시침핀으로 고정시키고 창구멍을 제외한 나머지 부분을 박음질한다.

2 시접을 0.5cm 남기고 정리한 뒤 창구멍을 통해 뒤집는다.

3 창구멍은 공그르기한다.

4 ③의 원단 위에 얼굴 부분을 올려놓고 테두리를 따라 홈질한다.

5 비즈로 눈을 달아주고 입은 색실을 이용해 V자 모양으로 박음질한다.

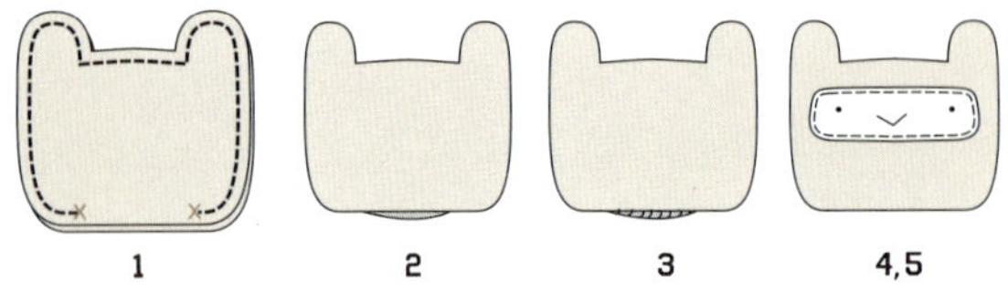

● 실물도안의 50%입니다.
원하는 크기로
확대 또는 축소해서 사용하세요.

주머니

부엉이 인형

부엉이 인형

Ready

인형 원단 – 체크무늬 20×20cm, 아이보리색 7×5cm, 색실
솜, 소리도구, 비즈 1쌍, 장식용 리본 또는 끈

How to make

✓ **재단하기**

부엉이 인형 몸판 2장 – 체크무늬 원단
부엉이 인형 얼굴 1장 – 아이보리색 원단

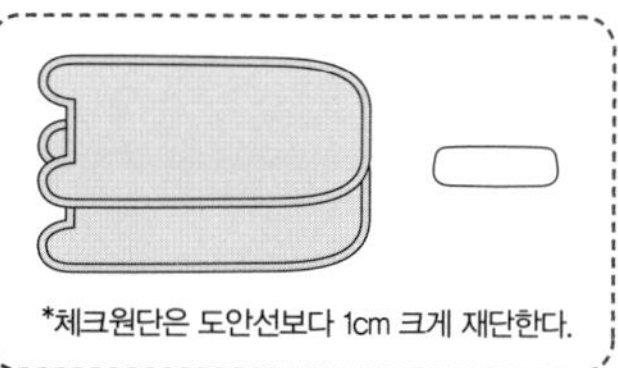

✓ **만들기**

1 몸판 2장을 겉끼리 마주 대고 창구멍을 제외
   한 나머지 부분을 박음질한다.

2 시접을 0.5cm남기고 정리한 뒤 창구멍을 통
   해 뒤집는다.

3 솜을 채워 넣는다. 이때 방울을 함께 넣으면
   딸랑딸랑 소리가 나는 장난감이 된다.

4 몸판 위에 얼굴을 올려놓고 테두리를 따라
   홈질한다. 비즈로 눈을 달아주고 입은 색실
   을 이용해 V자 모양으로 박음질한다.

5 창구멍을 공그르기해 마무리한 뒤 리본이나
   끈을 묶어 장식한다.

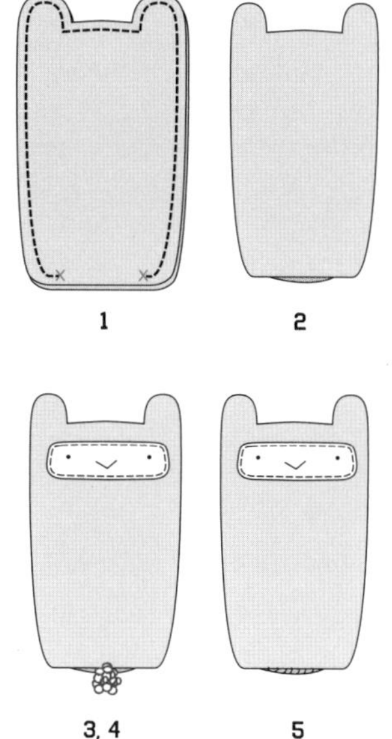

1   2

3, 4   5

Ready

대바늘(4.5mm), 털실 – 분홍색 190g, 포켓 · 목도리용 원단 – 양털 원단 140×15cm

목도리용 원단 –프린트 원단 107×14cm, 돗바늘

How to make

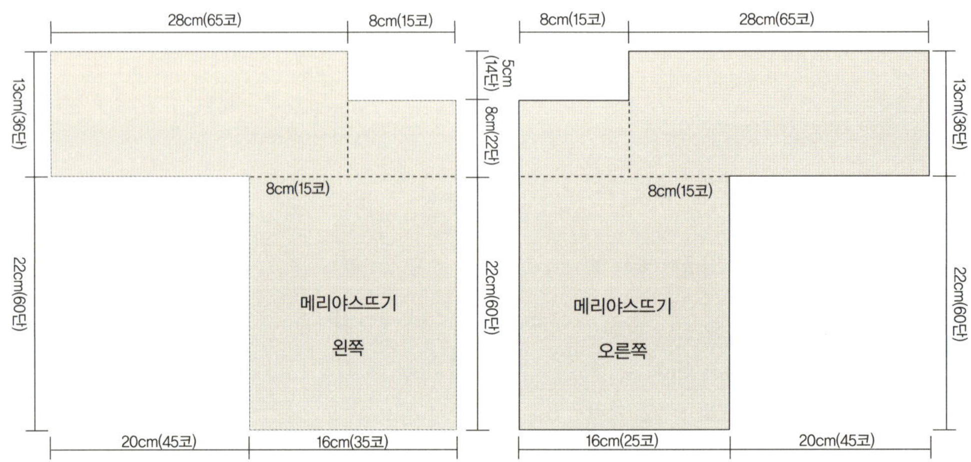

✓ 앞판(오른쪽)

*팔 길이는 아기에 맞게 조절하세요.

1 일반 코 16cm(35코)를 잡아 메리야스뜨기로 22cm를 뜬다. 이때 마지막 단은 안뜨기로 끝낸다.

2 안뜨기를 끝내고 겉뜨기를 하기 전에 손가락으로 20cm(45코)의 코를 만든다. 12쪽 감아 코 늘리기

3 메리야스뜨기로 8cm를 뜬다. 이때 마지막 단은 겉뜨기로 끝낸다.

4 8cm(15코)를 코막음 한다. – 앞목 부분

5 나머지 코는 메리야스뜨기로 5cm(14단)를 뜬 다음 코막음한다.

✓ 앞판(왼쪽)

1 일반 코 16cm(35코)를 잡아 메리야스뜨기로 22cm를 뜬다. 이때 마지막 단은 겉뜨기로 끝낸다.

2 손가락으로 20cm(45코)의 코를 만든다. 12쪽 감아 코 늘리기

3 메리야스뜨기로 8cm를 뜬다. 이때 마지막 단은 안뜨기로 끝낸다.

4 8cm(15코)를 코막음한다.

5 나머지 코는 메리야스뜨기로 5cm(14단)를 뜬 다음 코막음한다.

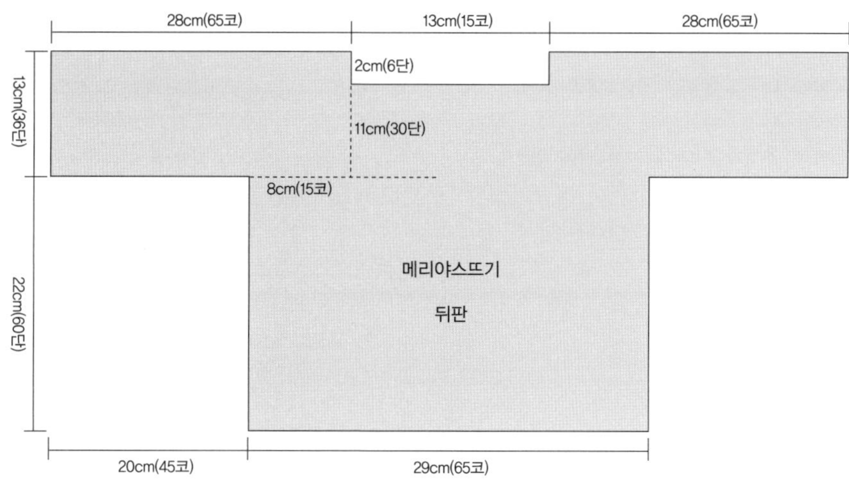

✓ 뒤판

6 일반 코 29cm(65코)를 잡아 메리야스뜨기로 22cm를 뜬다. 이때 안뜨기로 끝낸다.

7 안뜨기를 끝내고 겉뜨기를 하기 전에 손가락으로 20cm(45코)의 코를 만든다. 12쪽 감아 코 늘리기

8 겉뜨기로 한 단 뜬 뒤 다시 손가락 걸어 코를 반대쪽과 같은 코 길이만큼 늘인다.

9 세로로 11cm(48단)을 뜬다.

10 오른쪽 팔이 되는 부분 28cm(63코)를 메리야스뜨기로 2cm(6단) 뜬 뒤 코막음한다. 이때 나머지는 다른 바늘에 옮겨 건다. – 오른팔 부분

11 옮겨놓은 코는 겉뜨기로 13cm(25코)를 코막음한다. – 뒷목 부분

12 남겨진 28cm(65코)를 메리야스뜨기로 2cm(6단)을 뜨고 코막음한다. – 왼팔 부분

✓ 앞판과 뒤판 연결하기

13 어깨와 소매는 그림과 같이 겉메리야스뜨기한 부분끼리 겹쳐놓고 돗바늘로 꿰매 잇는다.

14 옆선은 돗바늘로 꿰맨다.

15 아이 몸에 맞추어 똑딱단추를 앞쪽에 달아준다.

16 만들어둔 양털 포켓을 공그르기로 달아준다.

✓ 양털 포켓 만들기

1 양털 원단 두 장을 겉끼리 마주 대고 창구멍을 남기고 박음질한다.

2 시접을 0.5cm남기고 정리한 뒤 창구멍을 통해 뒤집고 창구멍은 공그르기한다.

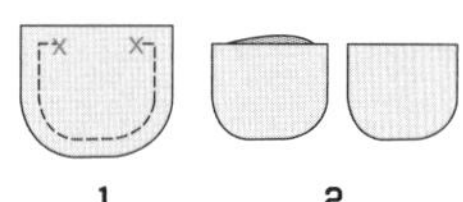

1 양털 원단과 프린트 원단을 각각 107×14cm를 준비한다.

2 두 장의 원단을 겉끼리 마주 대고 창구멍을 남긴 뒤 105×11cm로 박음질한다.

3 시접을 0.5cm남기고 정리한 뒤 창구멍을 통해 뒤집고 공그르기한다.

4 만들어둔 토끼 아플리케를 단다. 75쪽 곰돌이 얼굴 아플리케

5 목도리를 묶어 마무리하거나 똑딱단추를 달아 고정시킨다.

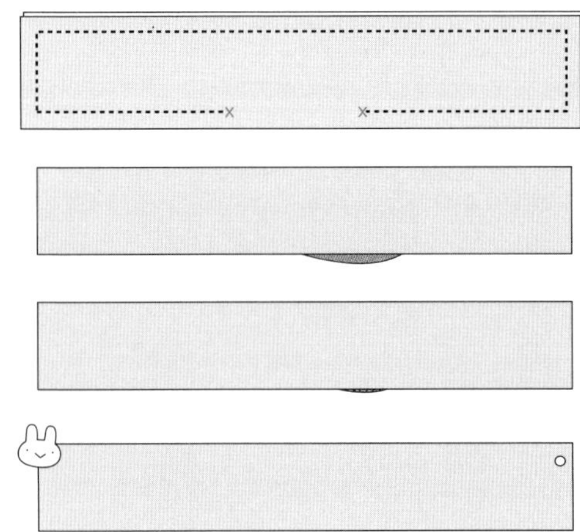

토끼 아플리케

●실물도안입니다.
원하는 크기로
확대 또는 축소해서 사용하세요.

차투리로 만들어요!

수줍은 토끼

- 만드는 방법은 120쪽 '목도리를 두른 엄마 토끼, 아기 토끼'를 참조하세요.
- 털실과 원단은 원하는 색깔을 선택하고, 크기는 가지고 있는 실과 원단의 분량에 맞추면 됩니다.
- 수줍은 토끼는 양털목도리 대신 손뜨개로 뜬 목도리를 둘렀어요.

Ready

대바늘(4mm), 털실 – 아이보리색 120g

스카프용 원단 – 줄무늬 54×40cm, 똑딱단추 1쌍, 구슬 눈 1쌍, 돗바늘

How to make

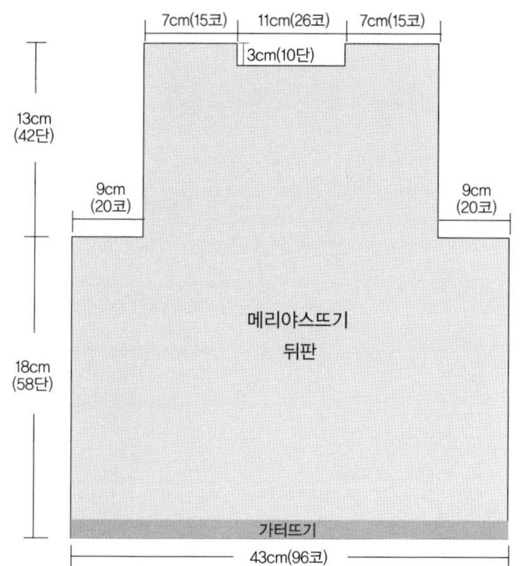

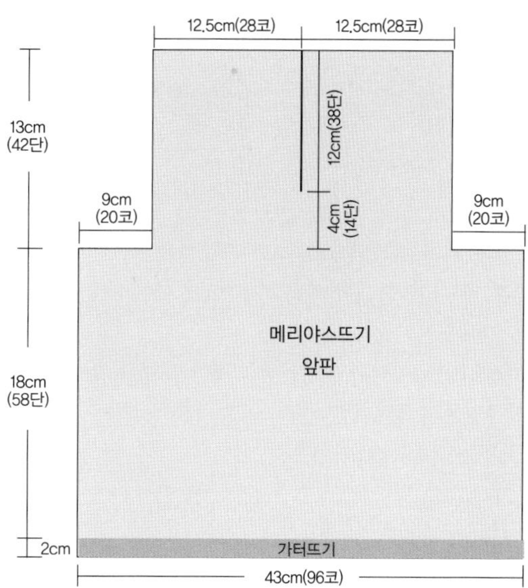

✓ **뒤판** 가로 43cm, 세로 34cm

1 일반코로 43cm(96코)를 잡아 가터뜨기로 2cm(4단)를 뜬 뒤 메리야스뜨기로 18cm(58단)을 뜬다.

2 겉뜨기에서 9cm(20코)를 코막음하고, 그 단을 마저 겉뜨기한 다음 안뜨기에서 9cm(20코)를 코막음한다.

3 나머지 56코를 메리야스뜨기로 13cm(42단)을 뜬다.

4 한쪽 어깨 15코만 메리야스뜨기로 3cm(10단)를 뜨고 코막음한다. 이때 나머지 코는 다른 바늘에 걸어둔다.

5 뒷목 부분 26코는 코막음하고, 반대쪽 어깨 15코는 메리야스뜨기로 3cm(10단) 뜬 뒤 코막음한다.

✓ **앞판** 가로 43cm, 세로 34cm

6 ①,②와 같은 방법으로 뜨개질한다.

7 나머지 56코를 메리야스뜨기로 4cm(14단)를 뜬 다음, 오른쪽 28코만 메리야스뜨기로 12cm(38단)을 뜨고 코막음한다. 이때 왼쪽 28코는 다른 바늘에 걸어놓는다.

8 왼쪽 28코도 ⑦과 같은 방법으로 뜬다.

✓ **앞판과 뒤판 연결하기**

9 앞판과 뒤판을 포개어 어깨와 옆선을 돗바늘로 꿰맨다.

10 아이의 몸에 맞게 옆과 뒤쪽에 주름을 잡아 바느질로 고정시킨다.

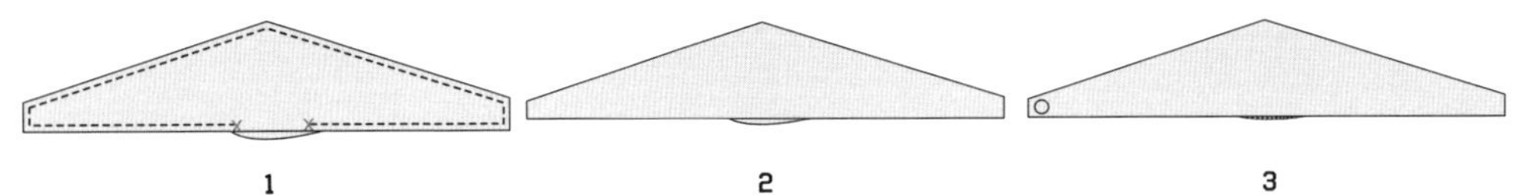

✓ 삼각 스카프 만들기

1 분홍 줄무늬원단을 겉끼리 마주 대고 도안대로 그린 뒤 창구멍을 남기고 박음질한다.

2 시접을 0.5cm 남기고 정리한 다음 창구멍을 통해 뒤집는다.

3 창구멍은 공그르기하고 똑딱단추를 양쪽에 단다.

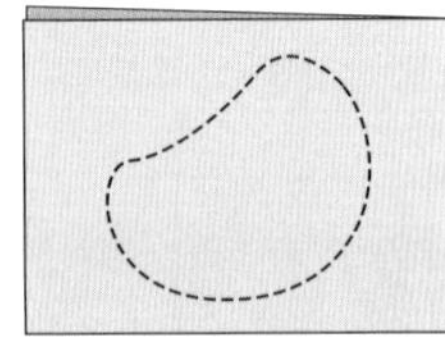 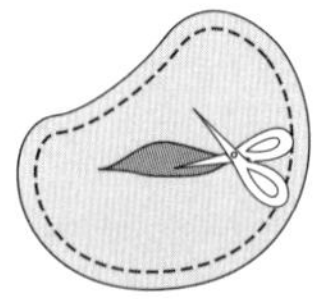 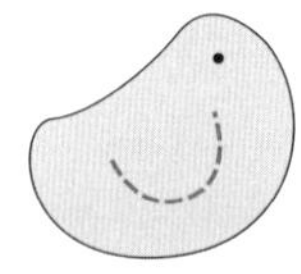

✓ 꼬꼬 아플리케 만들기

1 분홍 줄무늬원단을 겉끼리 마주 대고 도안대로 그린 뒤 창구멍을 남기고 박음질한다.

2 시접을 0.5cm 남기고 정리한 다음 창구멍을 통해 뒤집는다.

3 창구멍은 공그르기한다.

4 구슬 눈을 바느질로 단다.

✓ 원피스 꾸미기

1 사진(31쪽)과 같이 스카프를 통과시켜 뒤쪽에서 똑딱단추로 고정시킨다.

2 꼬꼬 아플리케를 바느질할 위치를 정하고 부리와 다리를 돗바늘로 꿰맨다. 이때 매듭은 꼬꼬 아플리케로 장식할 자리에 정리한다.

3 만들어둔 꼬꼬 아플리케를 공그르기로 단다.

●실물도안의 30%입니다.
원하는 크기로
확대 또는 축소해서 사용하세요.

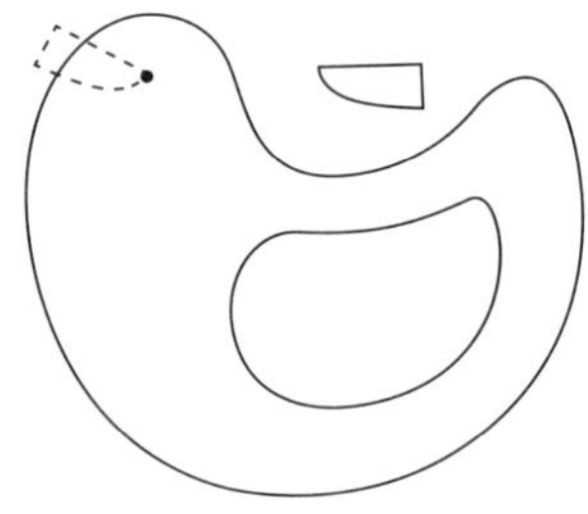

꼬꼬 인형 · 아플리케

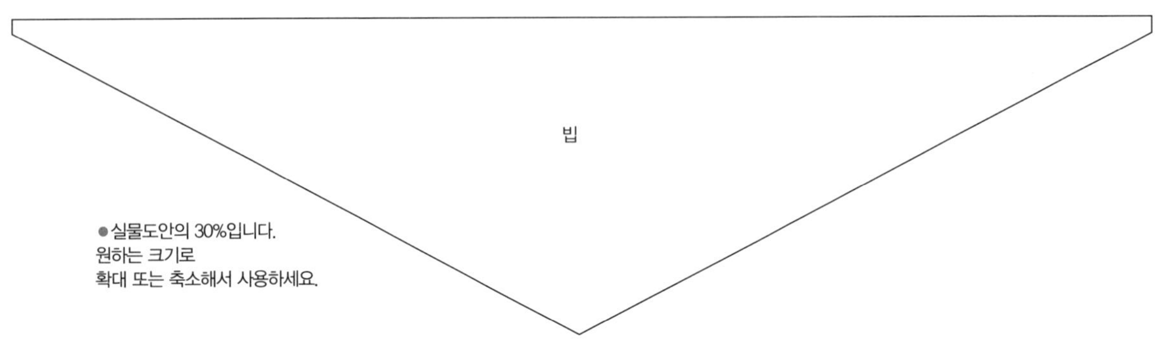

●실물도안의 30%입니다.
원하는 크기로
확대 또는 축소해서 사용하세요.

꼬꼬 인형

Ready

인형 원단 – 타월 원단 15×30cm, 줄무늬원단 15×15cm, 프린트 원단 5×5cm

색실, 솜, 소리도구

How to make

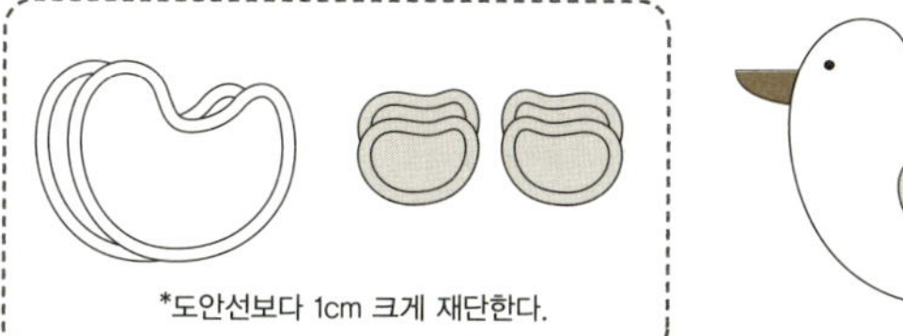

✓ 재단하기

꼬꼬 인형 몸판 2장 – 타월 원단

꼬꼬 인형 날개 4장 – 줄무늬원단

✓ 부리 만들기

1 부리 원단을 겉끼리 마주 대고 반으로 접은 뒤 도안을 올려놓고 그린다.

2 도안선을 따라 창구멍을 남기고 박음질 한 다음 시접을 0.5cm 남기고 정리한다.

3 창구멍을 통해 뒤집은 뒤 솜을 조금 넣는다.

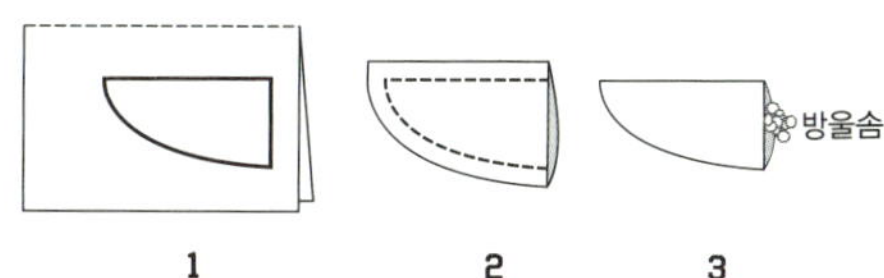

✓ 날개 만들기

4 날개 원단 두 장을 겉끼리 마주 대고 창구멍을 남기고 박음질한다.

5 시접을 0.5cm남기고 정리한 뒤 창구멍을 통해 뒤집는다.

6 창구멍으로 솜을 조금 넣은 다음, 창구멍은 공그르기 한다. 같은 방법으로 나머지 날개도 만든다.

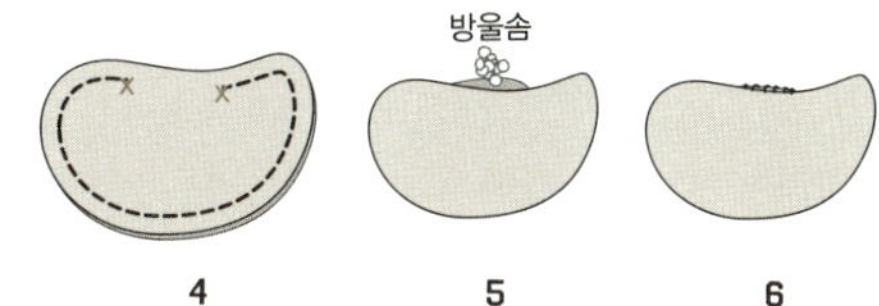

✓ 새 몸통 만들기

7 몸통 원단의 양쪽에 구슬 눈을 달아준다.

8 ⑦을 겉끼리 마주 대고 그 사이에 ③의 부리를 그림과 같이 넣은 다음, 창구멍을 남기고 박음질한다.

9 시접을 0.5cm남기고 정리한 뒤 창구멍을 통해 뒤집는다.

10 창구멍으로 솜을 채우고 공그르기로 창구멍을 마무리한다. 이때 소리도구를 함께 넣어도 좋다.

11 ⑥을 양쪽에 공그르기나 감침질로 붙인다.

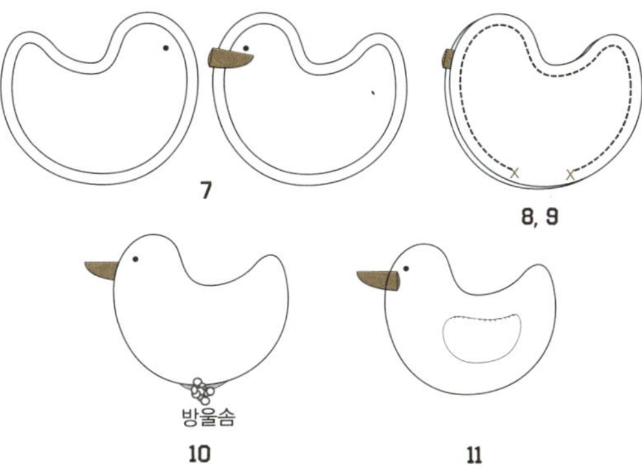

딸을 위한 넥 워머

Ready

대바늘(4.5mm), 털실 – 아이보리색 80g,
인형 아플리케용 원단 – 타월 원단(갈색) 10×7cm, 구슬 눈 1쌍

How to make

아이의 목둘레에 맞게 길이를 조절하세요.

1 실 1겹으로 일반 코 11cm(24코)를 잡아 가터뜨기
로 85cm(250단)를 뜨고 코막음한다.

2 양끝을 모아 돗바늘로 꿰매 연결한다.

3 연결한 부분을 고정시키고 캐릭터 인형을 공그르
기로 달아 마무리한다.

캐릭터 아플리케 만들기

만드는 법은 103쪽 '꽃무늬 원피스를 입은 곰돌이'의
얼굴 만들기를 참조하세요.

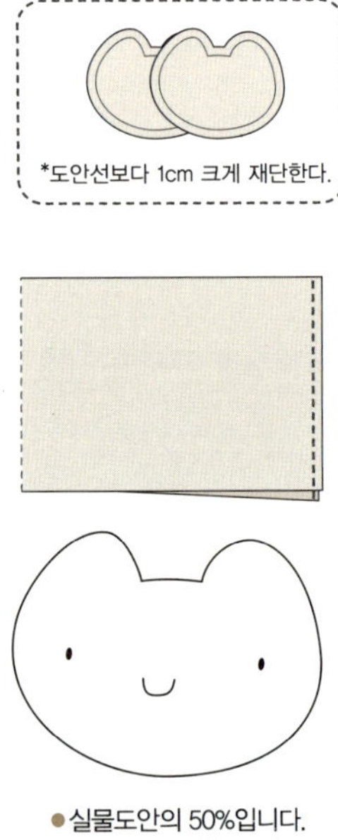

●실물도안의 50%입니다.
원하는 크기로 확대 또는
축소해서 사용하세요.

엄마를 위한 넥 워머 가로 85cm, 세로 15cm

Ready

대바늘(7mm), 털실 – 아이보리색 110g, 갈색 110g

How to make

1 아이보리색 실 2겹으로 일반 코 85cm(75코)를 잡아 가터뜨기로
15cm(30단)를 뜨고 코막음한다. 갈색실로는 일반 코 15cm(18
코)를 잡아 85cm(120단)를 뜨고 코막음한다.

2 아이보리색 머플러의 양끝을 모아 돗바늘로 꿰매 연결한다.

3 갈색 머플러를 ②에 걸친 뒤 양끝을 모아 돗바늘로 꿰매 연결한
다. 링 모양 넥 워머 2개가 서로 엮인 모양이 된다.

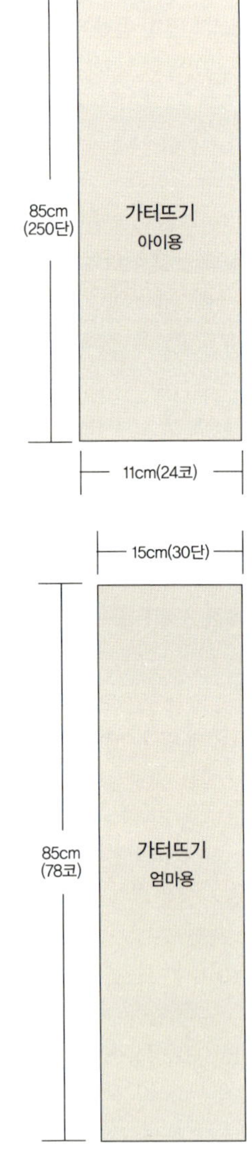

08 토끼 귀마개 모자와 방울 목도리 - - - → 34쪽에 있어요

Ready

대바늘(4mm) – 목도리용, 대바늘(4.5mm) – 모자용, 털실 – 분홍색 140g, 흰색(스티치용) 20g

토끼 아플리케용 원단 – 타월 원단(아이보리색) 20×15cm, 돗바늘, 방울기계

How to make

✓ 목도리 만들기 가로 10cm, 세로 110cm

1 실 1겹으로 일반 코 10cm(20코)를 잡아 가터뜨기로 110cm(288단)를 뜬 다음 코막음한다.

2 양 끝을 실로 듬성듬성 시침질해 오므려 풀리지 않도록 고정시킨다.

3 만들어둔 방울을 바느질로 목도리 양끝에 고정시킨다. 방울은 방울기계를 이용하면 간편하게 만들 수 있다.

✓ 모자 만들기 가로 20cm, 세로 40cm

1 실 2겹으로 일반 코 20cm(42코)를 잡아 가터뜨기로 40cm(136단)을 뜬 뒤 코막음한다.

2 반으로 접은 다음 옆선을 돗바늘로 꿰맨다.

3 흰색 털실로 스티치를 한다.

4 털실 6가닥을 준비해 한쪽 끝을 묶은 다음 2가닥씩 3개로 나누어 머리를 땋듯이 땋는다. 끝 부분은 매듭을 지어 마무리한다.

6 끈을 바느질로 모자 양옆에 고정시키고 토끼 얼굴 모양 아플리케를 적당한 위치에 공그르기하여 장식한다.

✓ 토끼 얼굴 아플리케 만들기

1 75쪽 '곰돌이 아플리케' 만들기와 같은 방법으로 만든다.

재단하기

토끼 얼굴 2장 – 아이보리색 타월 원단

토끼 얼굴 만들기

1 얼굴 원단 한 장에 나사 눈을 끼우고 입은 색실을 이용해 V자로 박음질한다.

2 나머지 얼굴 원단 한 장과 함께 ①을 겉끼리 마주 대고 창구멍을 남기고 박음질한다.

3 시접을 0.5cm 남기고 정리한 뒤 창구멍을 통해 뒤집은 다음 솜을 채워 넣는다.

4 창구멍은 공그르기로 마무리한다.

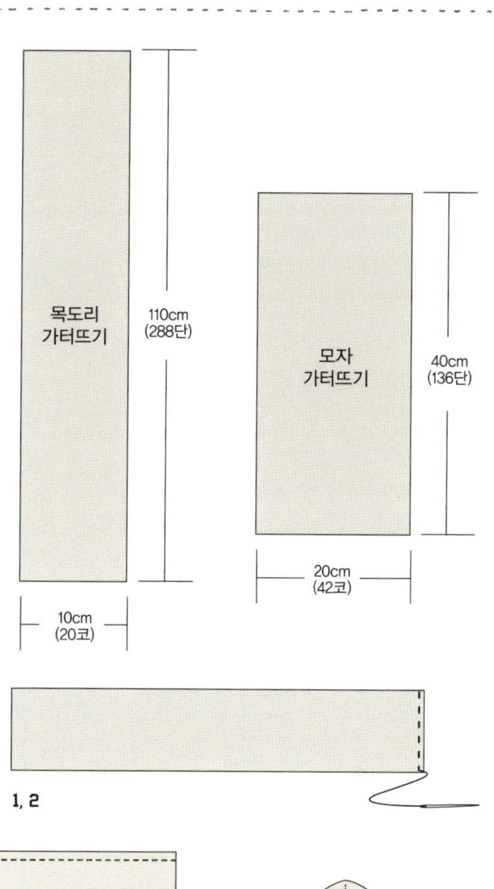

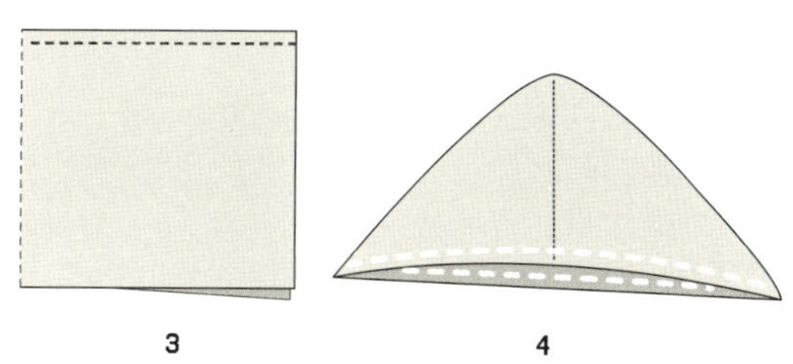

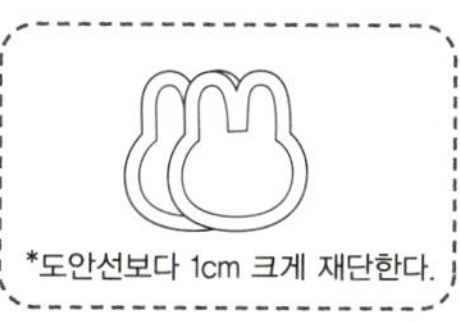

* 토끼 얼굴 실물도안은 86쪽을 참조하세요.

09 꼬꼬마 망토와 방울 모자 - - - - → 36쪽에 있어요

Ready

대바늘(4.5mm), 털실-카키색 360g, 아이보리색 60g, 색실

방울기계, 돗바늘, 똑딱단추 1쌍

How to make

✓ **망토 만들기** 가로 34cm, 세로 34cm

1 실 2겹으로 일반 코 34cm(70코)를 잡
   아 가터뜨기로 34cm(116단)을 뜬 뒤 코
   막음한다. 같은 방법으로 한 장을 더 만
   든다.

2 ①의 두 장을 포개어 그림과 같이 1cm
   안쪽을 돗바늘로 꿰맨다.

3 아이보리색 털실을 돗바늘에 연결해 홈
   질하듯 꿰맨다. 이때 두 장을 연결하는
   부분은 ×자로 모양 내며 바느질한다.

4 그림과 같이 똑딱단추를 단다.

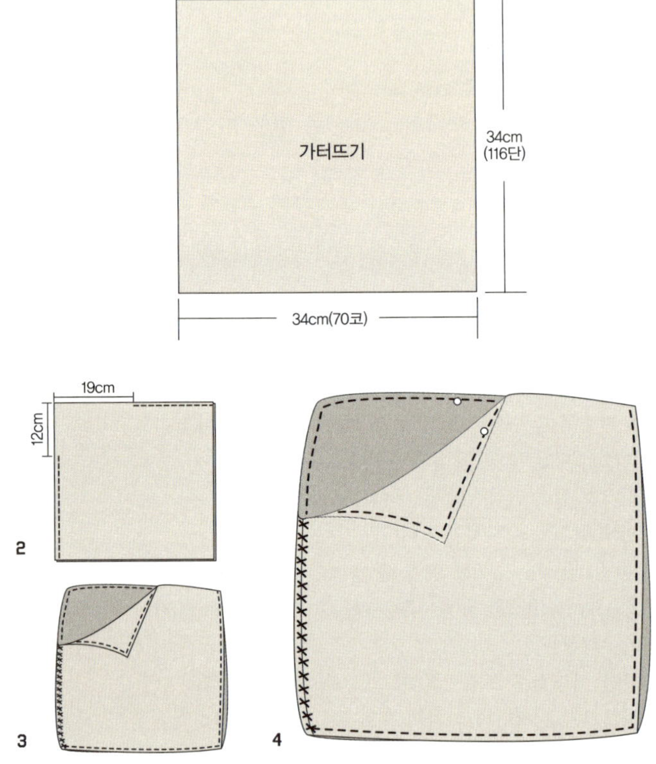

✓ **방울모자 만들기** 가로 40cm, 세로 19cm

1 실 2겹으로 일반 코 86코를 잡아 메리야스뜨기로
   40cm를 뜬다.

2 메리야스뜨기로 3cm를 뜨고 가터뜨기로 16cm를 더
   뜬 다음 코막음한다.

3 반으로 접은 다음 옆선을 돗바늘로 꿰맨다.

4 가터뜨기한 끝부분을 돗바늘로 시침질한 뒤 실을 당
   겨 가운데로 모으고 풀리지 않게 마무리한다.

5 가운데 부분에 방울을 단다. 방울은 방울기계를 이용
   하면 간편하게 만들 수 있다.

6 모자 아랫부분에 아이보리색실로 홈질하듯 장식한다.

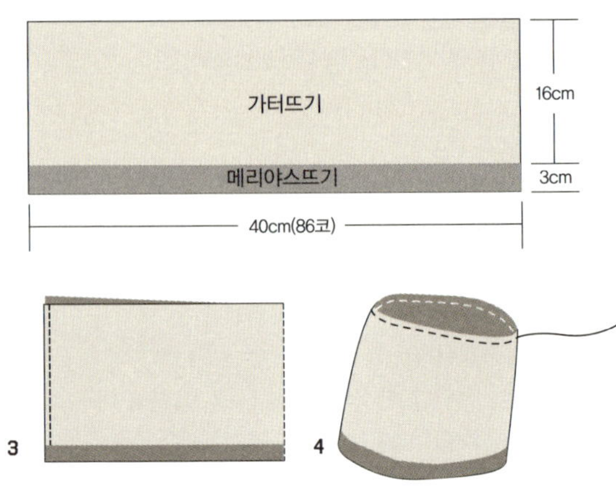

10 작은 주머니가 달린 줄무늬 반팔티셔츠 ----> 38쪽에 있어요

Ready

대바늘(4.5mm), 털실 – 오렌지색 130g, 흰색 20g, 돗바늘

주머니용 원단 – 꽃무늬원단 12×24cm, 색실

How to make

✓ 재단하기

미니포켓용 2장 – 꽃무늬원단

✓ 앞판 만들기

*팔 길이는 아기에 맞게 조절하세요.

1 일반 코 34cm(74코)를 잡아 메리야스뜨기로 19cm(46단)를 뜬다. 이때 마지막 단은 안뜨기로 끝낸다.

2 겉뜨기를 하기 전에 손가락으로 4cm(8코)의 코를 만든다. 12쪽 감아 코 늘리기

3 겉뜨기로 한 단 뜬 후 다시 손가락을 걸어 코를 반대쪽과 같은 코 길이만큼 늘린다.

4 메리야스뜨기로 8cm를 뜬다.

5 오른쪽 어깨 16cm(34코)를 메리야스뜨기로 6cm 뜬다. 나머지는 다른 바늘에 옮겨 건다.

6 옮겨 놓은 코는 16cm(34코)를 남기고 겉뜨기로 22코 코막음한다.

7 남겨진 어깨 부분 16cm(34코)는 메리야스뜨기로 6cm를 뜬 뒤 코막음한다.

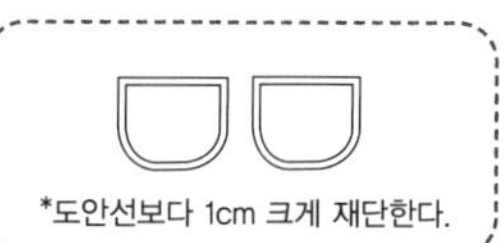

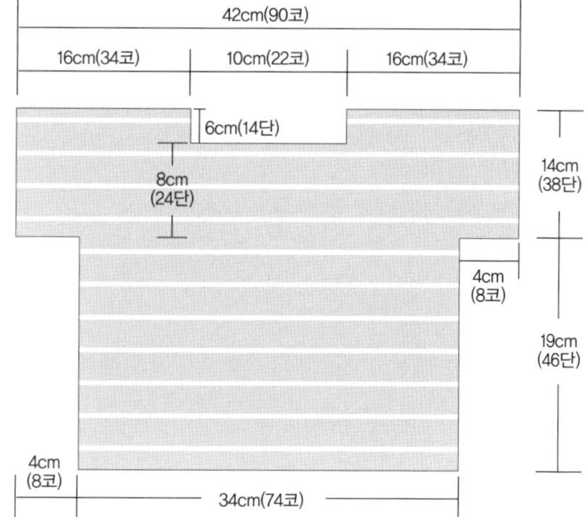

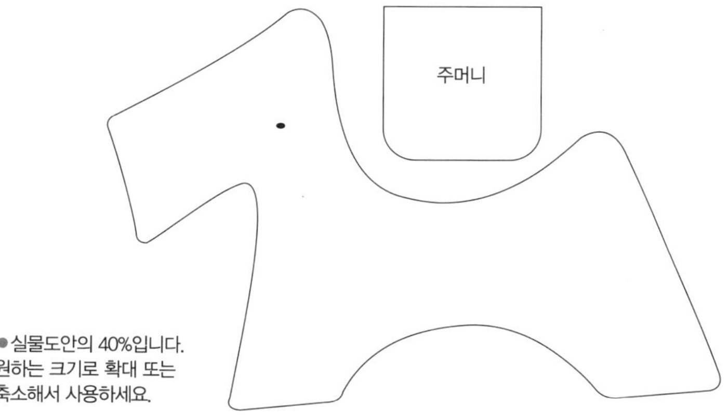

●실물도안의 40%입니다. 원하는 크기로 확대 또는 축소해서 사용하세요.

✓ 뒤판 만들기

1 일반 코 34cm(74코)를 잡아 메리야스뜨기로
19cm(46단)을 뜬다. 이때 마지막 단은 안뜨기
로 끝낸다.

2 겉뜨기를 하기 전에 손가락으로 4cm(8코)의 코
를 만든다. 12쪽 감아 코 늘리기

3 겉뜨기로 한 줄 뜬 뒤 다시 손가락을 걸어 코를
반대쪽과 같은 코 길이만큼 늘린다.

4 메리야스뜨기로 3cm를 뜬다.

5 메리야스뜨기로 절반을 뜬 다음 나머지 절반은
다른 바늘에 옮긴다.

6 메리야스뜨기로 8cm를 뜬 뒤 안뜨기에서 11코
를 코막음한다. 나머지 34코는 2cm(6단) 뜬 뒤
코막음한다.

7 다른 바늘에 옮겨 놓은 코의 절반을 메리야스뜨
기로 8cm 뜬 다음 겉뜨기에서 11코를 코막음한
뒤 2cm를 더 뜨고 코막음한다.

8 단추 고리는 코바늘로 사슬을 만들거나 털실을
땋아 끈을 만들고 반으로 접어 고리를 만든 다
음 뒷부분에 바느질로 고정시킨다.

9. 고리의 반대쪽에는 단추를 달아 마무리한다.

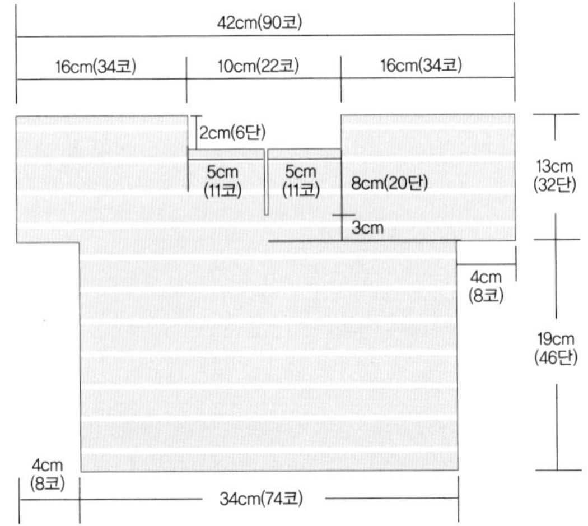

✓ 앞판과 뒤판 연결하기

10 앞판과 뒤판을 메리야스뜨기로 꿰맨다. 13쪽 메리야스뜨
기로 꿰매기

11 어깨는 메리야스뜨기로 연결한다.

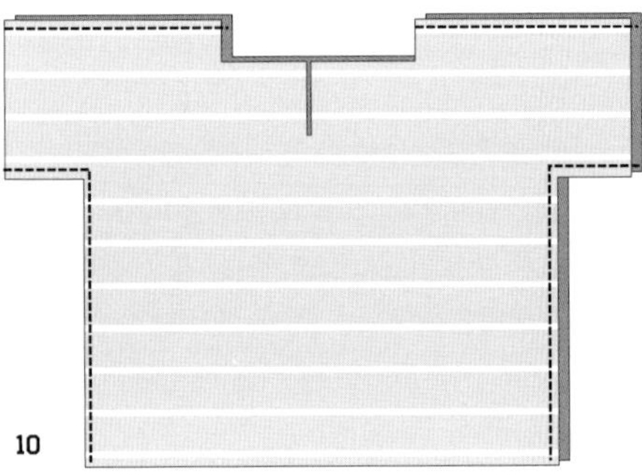

10

✓ 주머니 만들기

1 꽃무늬원단을 겉끼리 겹쳐 놓고 반으로 접은 다음 창
구멍을 남기고 박음질한 뒤 시접 0.5cm를 남기고 정
리한다.

2 창구멍으로 뒤집은 뒤 공그르기하여 주머니를 만든
다. 색실을 이용해 홈질하여 주머니를 장식해도 좋다.

3 티셔츠 앞쪽에 적당한 위치를 잡아 공그르기로 주머니
를 달아준다.

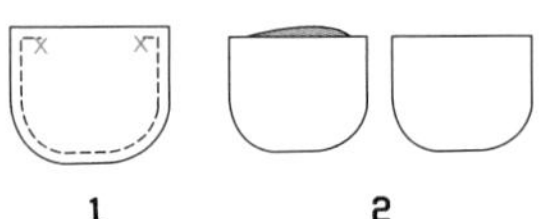

꽃무늬 멍멍이

Ready

인형 원단 – 꽃무늬 또는 단색 25×30cm, 리본용 레이스

구슬 눈 1쌍

How to make

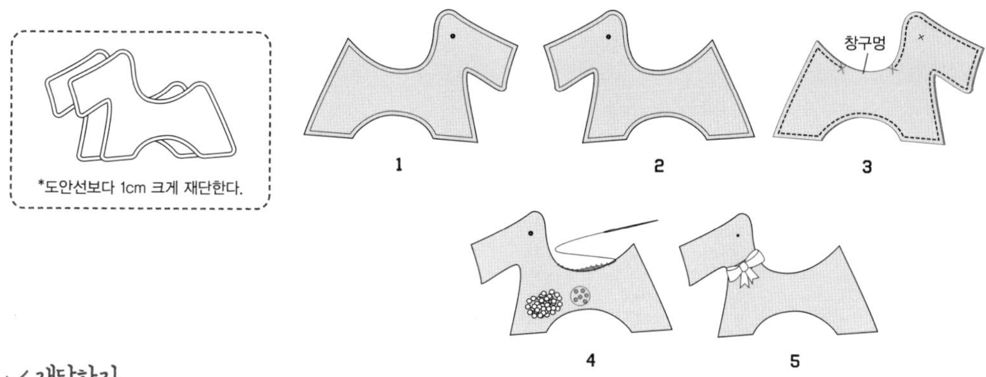

✓ 재단하기

강아지 몸판 2장 – 꽃무늬원단

* 94쪽의 주머니를 만들고 남은 원단이 없을 때는 집에 있는 다른 원단을 활용해도 좋아요!

1 강아지 모양으로 자른 원단 2장의 겉면에 각각 1개씩 구슬 눈을 달아준다.

2 ①의 원단을 겉끼리 포개 놓고 창구멍을 남기고 박음질한다.

3 시접 0.5cm를 남기고 정리한 뒤 창구멍으로 뒤집는다.

4 창구멍으로 솜과 소리도구를 넣고 공그르기한다.

5 레이스리본을 묶고 풀리지 않도록 바느질로 고정시킨다.

11 체크원단으로 끈을 만든 멜빵바지 - - - - → 40쪽에 있어요

Ready

대바늘(4.5mm), 털실-카키색 280g, 무릎 아플리케용 원단-체크무늬 90cm

돗바늘, 장식단추 2개, 아플리케용 실

How to make

✓ **바지 만들기** 전체 길이 52cm

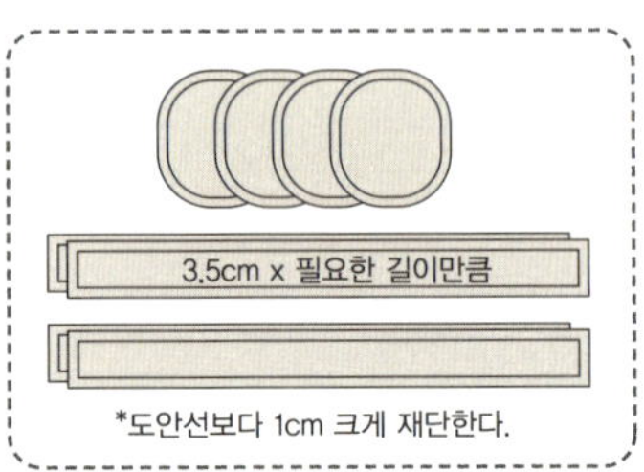

1 일반 코 12cm(27코)를 잡아 가터뜨기로 2cm를 뜬 다음 메리야스뜨기로 24cm(64단)를 더 뜬다. 같은 방법으로 한 장을 더 만든다.

2 ①에서 2장 중 1장에 겉뜨기로 1단을 뜬 다음 손가락을 걸어 14코를 만들고 나머지 1장을 연결해서 뜬다.

3 ②에 이어서 메리야스뜨기로 24cm를 뜬 뒤 가터뜨기로 2cm를 더 뜨고 코막음한다.

4 ①~③과 같은 방법으로 한 장을 더 만든다.

5 두 장을 놓고 돗바늘로 꿰매어 연결한다.

- 방법 1 : 메리야스뜨기로 꿰맨다. 13쪽 메리야스뜨기로 꿰매기

- 방법 2 : 돗바늘로 꿰매는 것이 어렵다면 두 장을 겉끼리 마주 대고 표시선 0.5cm 안쪽에 박음질한다. 털실 색과 같은 색 실을 사용한다.

6 ③에서 가터뜨기로 2cm를 뜬 부분이 겉으로 나오도록 접어 고무줄을 끼우고 돗바늘로 꿰매 마무리한다.

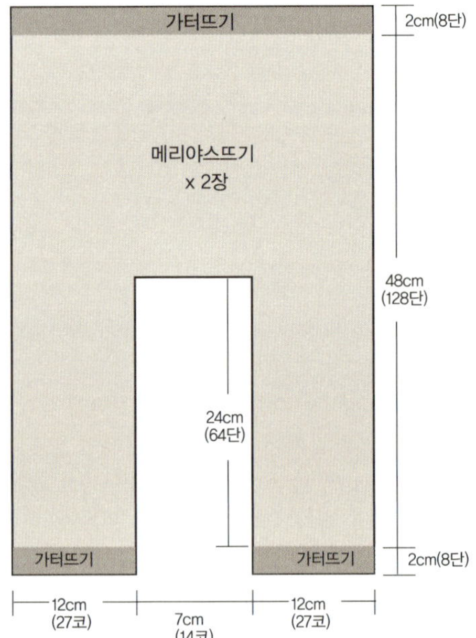

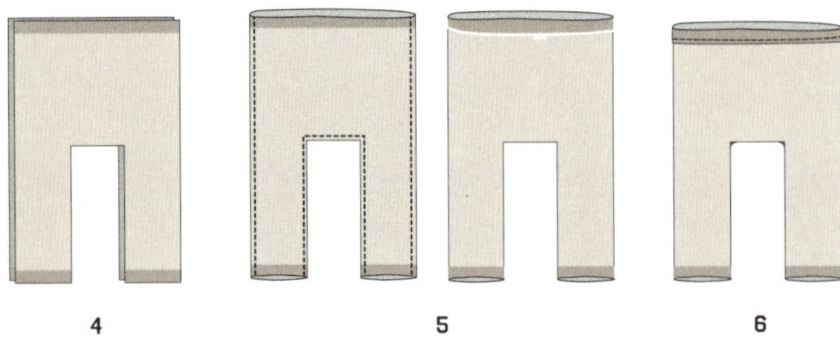

✓ 어깨 끈과 무릎 아플리케 달기

7 무릎 아플리케를 아이의 무릎 위치에 맞추어 공그 르기한다.

8 어깨 끈을 ×자로 연결해 사진과 같이 바지에 대고 공그리기한 뒤 앞부분에 단추를 단다.

9 끈이 ×자로 맞닿는 부분은 사진과 같이 홈질로 고 정시키고 앞쪽에 단추를 단다.

✓ 무릎 아플리케 만들기

1 좌우 무릎 아플리케용 원단을 각각 2장씩 겉끼리 마 주 대고 창구멍만 남기고 박음질한다.

2 시접을 0.5cm 남기고 정리한 뒤 창구멍으로 뒤집어 공그르기한다.

3 테두리에서 0.5cm 안쪽에 색실로 홈질한다.

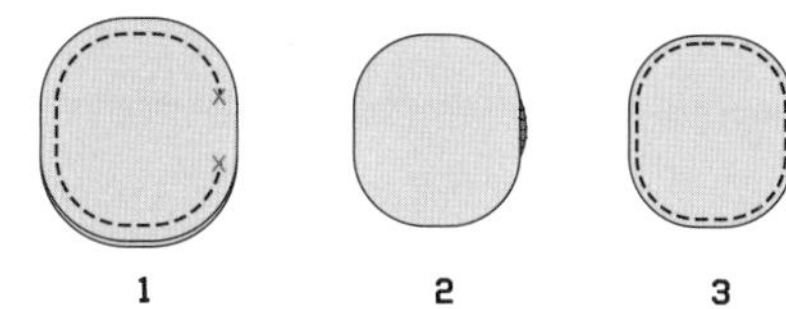

✓ 어깨 끈 만들기

1 끈을 만들 원단 2장을 겉끼리 마주 대고 창구멍만 남기고 박음질한다.

2 시접을 0.5cm 남기고 정리한 뒤 창구멍으로 뒤집 는다.

3 창구멍은 공그르기한다.

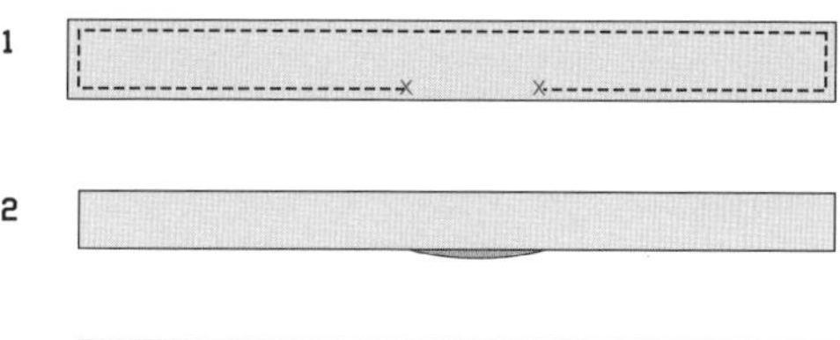

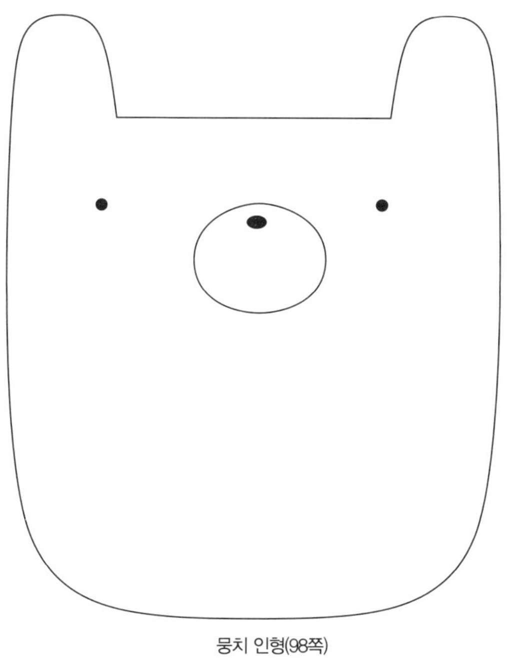

뭉치 인형(98쪽)

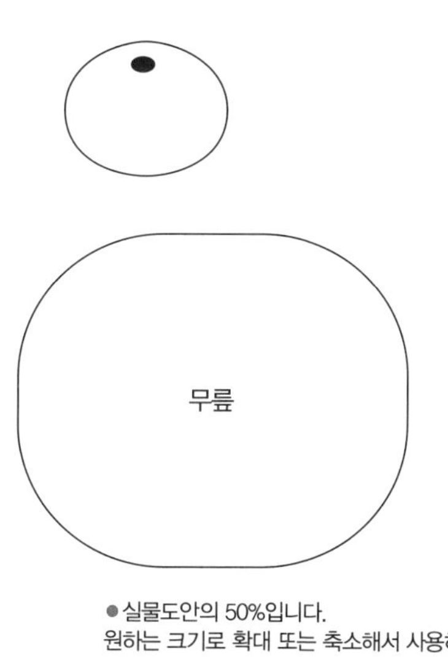

● 실물도안의 50%입니다.
원하는 크기로 확대 또는 축소해서 사용하세요.

뭉치 인형

Ready

원단 – 타월(20×20cm) 2장, 체크무늬(7×7cm) 2장 , 색실

솜, 구슬 눈 1쌍, 소리도구

How to make

✓ 코 만들기

1 코 원단 두 장을 겉끼리 마주 대고 박음질한다.

2 시접을 0.5cm남기고 정리한 뒤 한쪽 면에 가위
  집을 내어 뒤집는다.

3 체크무늬 원단의 위쪽 중앙 부분에 색실로 촘촘
  하게 코 모양을 만들며 바느질한다.

4 뒷면의 가위집은 감침질로 마무리한다.

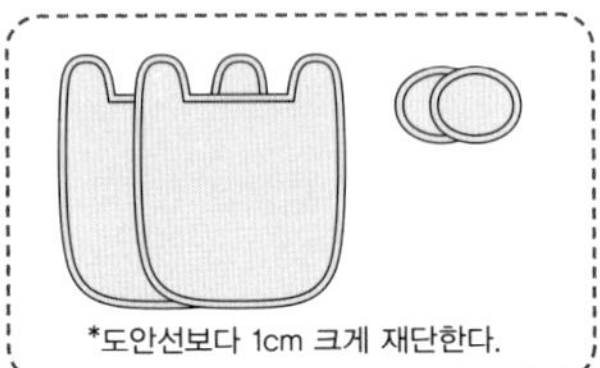

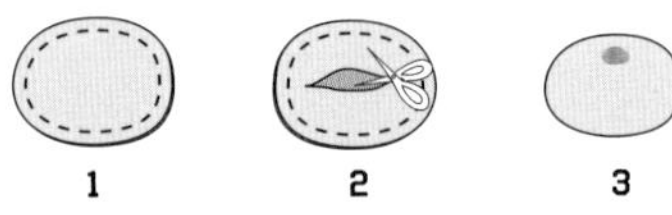

✓ 몸통 만들기

1 타월 원단 1장의 겉면에 구슬 눈 1쌍을 달고 만들
  어둔 코를 공그르기로 연결한다.

2 나머지 한 장의 타월 원단과 ①을 겉끼리 마주
  대고 창구멍을 남기고 박음질한다.

3 시접 0.5cm를 남기고 정리한 뒤 창구멍을 통해
  뒤집는다.

4 ③의 창구멍으로 솜을 채우고 창구멍은 공그르
  기한다. 솜을 채울 때 소리 나는 딸랑이 등의 도
  구를 함께 넣는다.

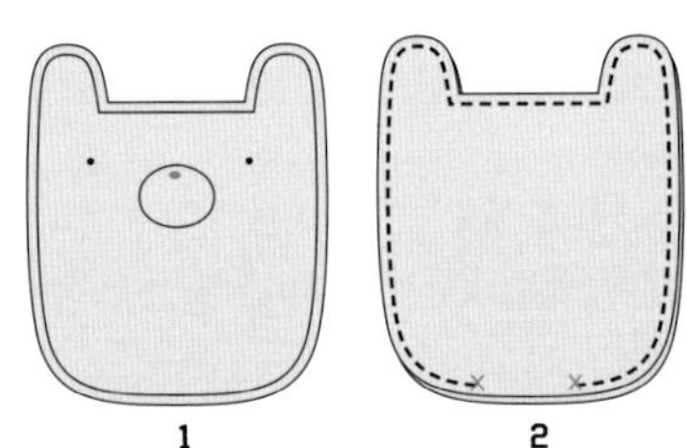

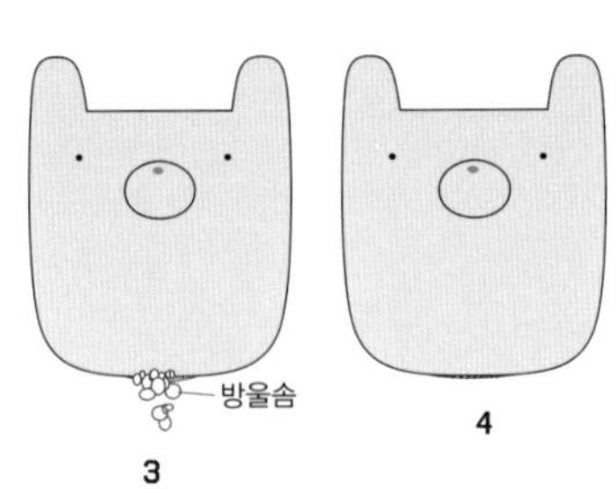

* 실물도안은 97쪽에 있어요.

Ready

대바늘(4mm), 털실 – 카키색 40g, 노란색(버튼홀스티치용) 조금, 똑딱단추 1쌍
라벨이나 장식단추 또는 라벨용 자투리 원단, 색실

How to make

✓ **빕 만들기** 가로 26cm, 세로 26cm

1 일반 코 26cm(62코)를 잡아 메리야스뜨기로
26cm(70단)을 뜬 뒤 코막음한다.

2 메리야스뜨기 안쪽이 겉으로 나오도록 하여 대각
선으로 반을 접은 다음 벌어진 부분에 색실을 이용
해 버튼홀스티치한다.

3 목 뒤쪽에서 여며지는 부분에 똑딱단추를 단다.

4 원하는 위치에 라벨이나 단추 등을 달아 장식한다.

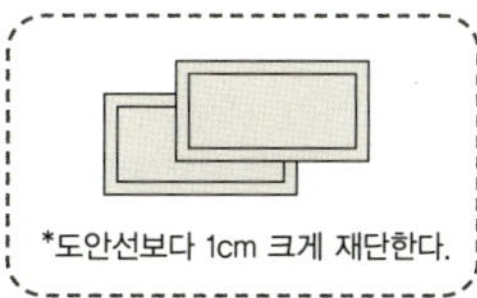

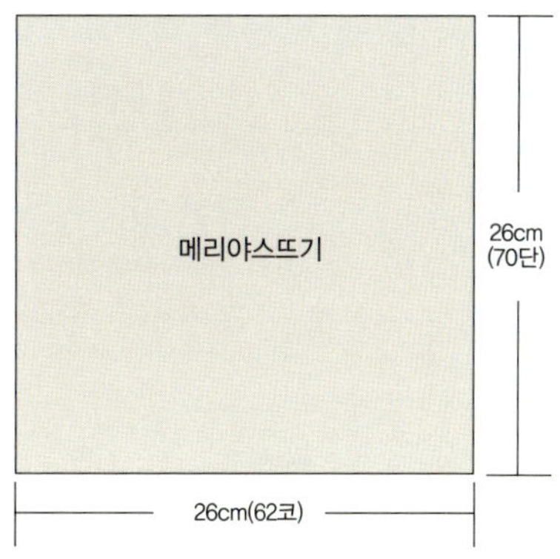

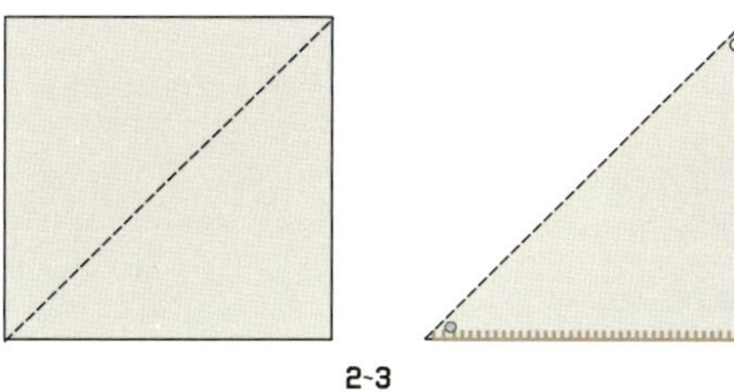
2-3

✓ **라벨 만들기**

1 원단 2장을 겉끼리 마주 대고 창구멍을 남기고 박
음질한다.

2 시접 0.5cm를 남기고 정리한 뒤 창구멍으로 뒤집
어 공그르기한다.

3 원하는 문구를 색실로 박음질한다.

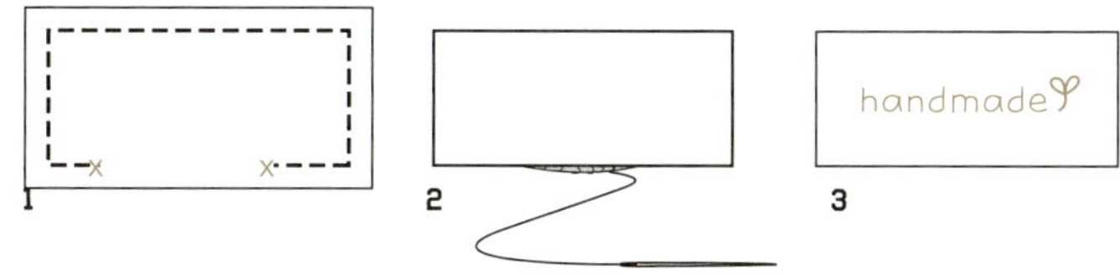

13 꼬마 숙녀에게 어울리는 오픈식 조끼 - - - - → 44쪽에 있어요

Ready

대바늘(4.5mm), 털실 – 아이보리색 100g, 리본용 원단 – 꽃무늬 100×10cm

돗바늘, 똑딱단추 1쌍

How to make

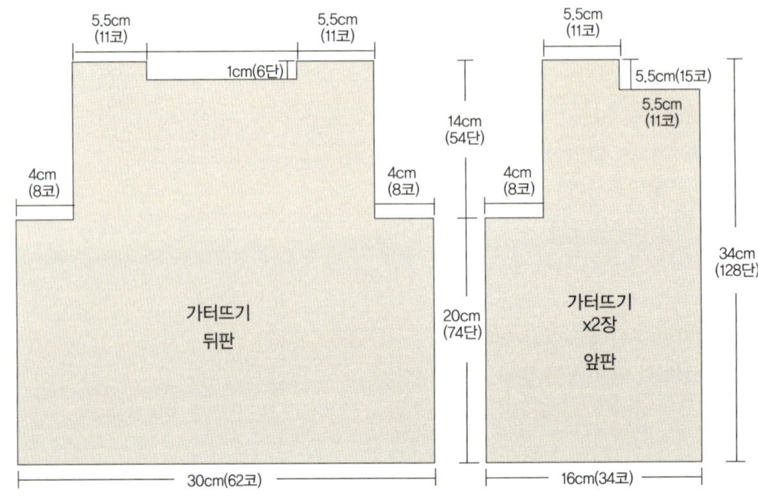

✓ **뒤판 만들기** 가로 29cm, 세로 34cm

1 일반코 29cm(62코)를 잡아 메리야스뜨기로 20cm(48단)을 뜬다.

2 조끼의 양 옆 진동코 8코를 코막음한다.

3 다시 메리야스뜨기로 14cm(54단)를 뜬다.

4 오른쪽 11코는 메리야스뜨기로 1cm를 뜬 뒤 코막음하고 나머지 코는 다른 바늘에 옮겨놓는다. –어깨 부분

5 왼쪽 11코를 남기고 가운데의 코는 모두 코막음한다.
　–뒷목 부분

6 왼쪽 11코는 메리야스뜨기로 1cm를 뜬 뒤 코막음한다.
　–어깨 부분

✓ **앞판 만들기** 가로 16cm 세로 34cm

7 일반 코 16cm(34코)를 잡아 메리야스뜨기로 가로 16cm × 세로 20cm가 되도록 뜬다.

8 조끼의 진동은 오른쪽 한쪽만 8코를 코막음한다.

9 나머지 코는 메리야스뜨기로 14cm 뜬 뒤 코막음한다. 같은 방법으로 대칭이 되도록 앞판을 한 장 더 뜬다.

✓ **앞판과 뒤판 연결하기**

10 앞판과 뒤판을 돗바늘로 꿰매 연결한다. 이때 메리야스뜨기의 안쪽 면이 겉으로 나오도록 마주 대고 꿰맨다.

11. 양쪽 어깨 부분은 메리야스뜨기로 연결한다.

12 리본용 끈을 사진(45쪽)과 같이 목깃 부분에 통과시키고 시켜주고 뒷부분은 바느질로 고정시킨다.

13 아이 몸에 맞게 적당한 위치를 정해 똑딱단추를 단다. 똑딱단추로 여민 다음 리본을 묶어 장식한다.

✔ 리본 만들기

1 꽃무늬원단 두 장을 겉끼리 마주 대고 창구
   멍을 남기고 박음질한다.

2 시접 0.5cm를 남기고 정리한 뒤 창구멍으
로 뒤집는다.

3 창구멍은 공그르기로 마무리한다.

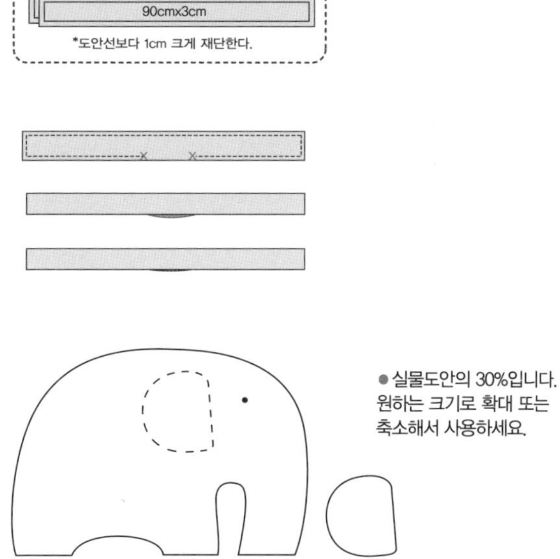

● 실물도안의 30%입니다.
원하는 크기로 확대 또는
축소해서 사용하세요.

자투리로 만들어요

보송보송 타월 코끼리

Ready

타월 – 아이보리색 30×15cm, 꽃무늬원단 – 보라색 20×20cm

색실, 구슬 눈 1쌍, 솜 적당량, 소리도구

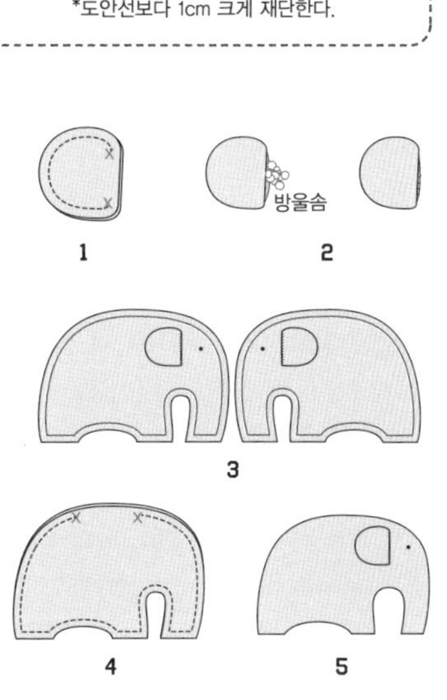

How to make

1 귀를 만들 꽃무늬원단 2장을 겉끼리 마주 댄 다음 창구멍을
   남기고 박음질한다. 시접 0.5cm를 남기고 정리한다.

2 창구멍으로 뒤집고 솜을 넣는다. 마무리는 공그르기로 한
   다. 같은 방법으로 반대쪽 귀도 만든다.

3 몸통이 될 타월 원단 2장에 알맞은 위치를 정해 구슬 눈을
   달고 ②의 귀를 공그르기해 고정시킨다. 이때 귀의 위쪽만
   바느질해 움직일 수 있도록 한다.

4 구슬 눈을 단 타월 2장을 겉끼리 마주 댄 다음 창구멍을 남
   기고 박음질한다. 시접 0.5cm를 남기고 정리한다.

5 창구멍으로 뒤집고 솜을 넣은 다음 창구멍은 공그르기한
   다. 솜을 넣을 때 소리도구를 함께 넣어도 좋다.

Ready

대바늘(4mm), 털실 – 보라색 230g, 돗바늘

스카프용 원단 – 보라 꽃무늬 95×12cm, 똑딱단추 1쌍

How to make

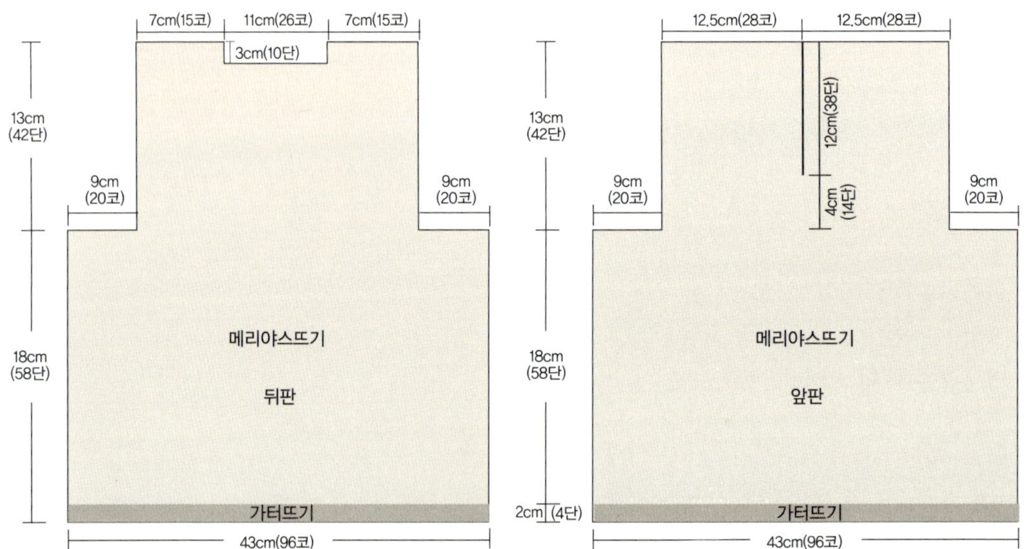

*만드는 방법이 87쪽 '스카프로 장식한 꼬꼬원피스'와 동일합니다.
단, 스카프의 길이만 10cm 정도 더 길게 하세요!

✓ **뒤판 만들기** 가로 43cm, 세로 34cm

1 일반 코 43cm(96코)를 잡아 가터뜨기로 2cm(4단)를 뜬 뒤 메리야스뜨기로 18cm(58단)을 더 뜬다.

2 겉뜨기에서 9cm(20코)를 코막음한다.

3 나머지 56코를 메리야스뜨기로 13cm(42단)을 뜬다.

4 한쪽 어깨 15코만 메리야스뜨기로 3cm(10단)를 뜨고 코 막음한다. 이때 나머지 코는 다른 바늘에 걸어둔다.

5 뒷목 부분 26코는 코막음하고, 반대쪽 어깨 15코는 메리야스뜨기로 3cm(10단) 뜬 뒤 코막음한다.

✓ **앞판 만들기** 가로 43cm, 세로 34cm

6 ①, ②와 같은 방법으로 뜨개질한다.

7 나머지 56코를 메리야스뜨기로 4cm(14단)를 뜬 다음 오른쪽 28코만 메리야스뜨기로 12cm(38단)을 뜨고 코 막음한다. 이때 왼쪽 28코는 다른 바늘에 걸어 놓는다.

8 왼쪽 28코도 ⑦과 같은 방법으로 뜬다.

✓ **앞판과 뒤판 연결하기**

9 앞판과 뒤판을 포개어 어깨와 옆선을 돗바늘로 꿰맨다.

10 아이의 몸에 맞게 옆과 뒤쪽에 주름을 잡아 바느질로 고정시킨다.

✓ 스카프 만들기

1 꽃무늬와 줄무늬원단을 겉끼리 마주 대고 도안을 따라 그린 뒤 창구멍을 남기고 박음질한다.

2 시접을 0.5cm 남기고 정리한 다음 창구멍을 통해 뒤집 는다.

3 창구멍은 공그르기하고 똑딱단추를 양쪽에 달아준다.

4 만들어 둔 원피스의 목 부분에 스카프를 통과 시킨 뒤 똑딱단추를 여며 마무리한다.

✓ 아랫단 꾸미기

1 원피스의 아랫둘레 만큼 원단으로 리본을 만든다. 이때 폭은 5cm 정도로 한다. *97쪽 어깨 끈 만들기*

2 아랫단에 ①을 홈질로 고정시킨다.

3 리본을 뒤쪽으로 고정시켜 장식한다.

✓ 리본 만들기

1 프린트 원단을 겉끼리 마주 대고 반으로 접어 8×4cm 로 창구멍을 남기고 박음질한다.

2 시접을 0.5cm남기고 정리한 뒤 창구멍으로 뒤집는다.

3 솜을 조금 넣고 창구멍은 공그르기한다.

4 4×5cm의 원단을 사진과 같이 포개어 다림질한다.

5 ③에 한쪽을 감침질로 고정을 한다.

6 나머지 한쪽을 반으로 접어 감침질한다.

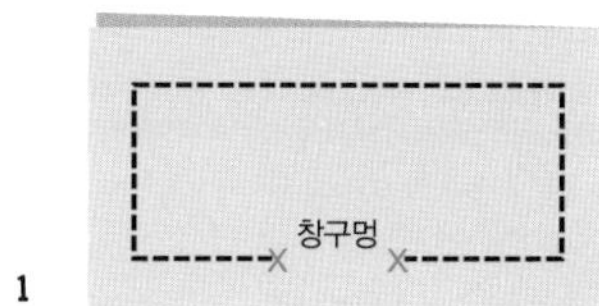

1

자투리로 만들어요

꽃무늬 원피스를 입은 곰돌이

Ready

원단 – 타월 30×30cm, 꽃무늬 30×20cm

색실, 솜

How to make

✓ 재단하기

팔 4장, 다리 4장, 얼굴 2장 – 타월

몸판 2장 – 꽃무늬

✓ 얼굴 만들기

1 얼굴 원단 1장의 겉면에 구슬 눈 1쌍을 달고 입 은 색실을 이용해 V자 모양으로 박음질한다.

2 나머지 얼굴 원단 1장과 ①을 겉끼리 마주 대 고 창구멍을 남기고 박음질한다.

3 시접 0.5cm를 남기고 정리 한 뒤 창구멍으 로 뒤집고 솜을 채운다.

4 창구멍은 공그르기로 마무리한다.

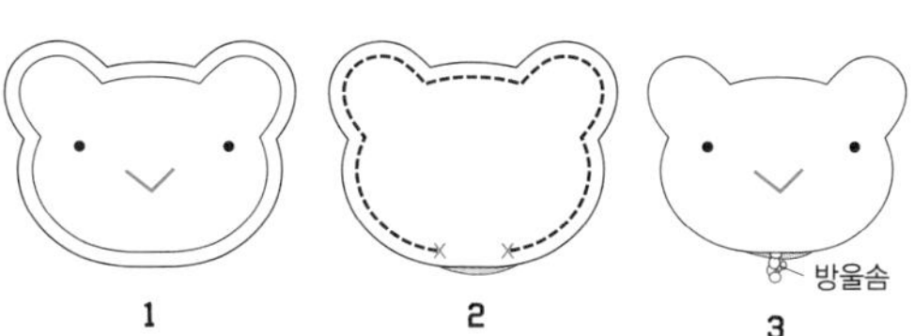

1   2   3

✓ 팔 만들기

5 팔을 만들 원단 2장을 겉끼리 마주 대고 창구멍을
   남기고 박음질한다.

6 시접 0.5cm를 남기고 정리 한 뒤 창구멍을 통해
   뒤집은 뒤 솜을 채워 공그르기한다.

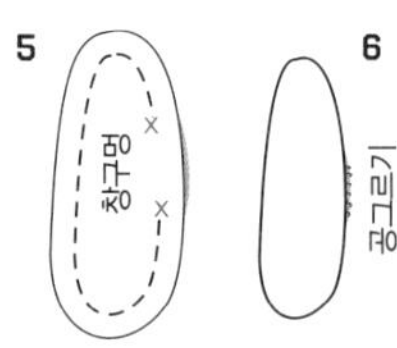

✓ 다리 만들기

7 다리 원단 두 장을 마주 대고 창구멍 두 곳을 남기
   고 박음질한 뒤 창구멍으로 뒤집고 솜을 넣는다.

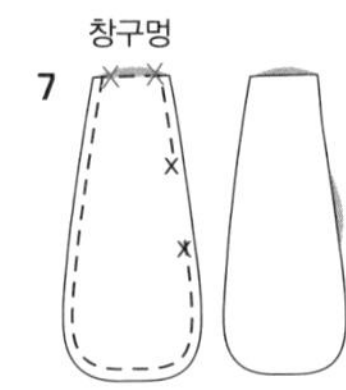

✓ 몸통 만들어 연결하기

8 몸통 원단을 겉끼리 마주 대고 그 사이에 ⑦의 다리를 끼워 넣은 다음 창구멍만
   남기고 박음질한다.

9 창구멍으로 몸통 부분에 솜을 채우고 창구멍은 공그르기로 마무리한다.

10 ④의 얼굴을 ⑨에 올려놓고 공그르기하여 튼튼하게 고정시킨다.

11 몸통 양옆에 ⑥의 팔을 놓고 팔 윗부분에 공그르기하여 고정시킨다.

12 손뜨개 목도리를 목에 감아 장식한다.

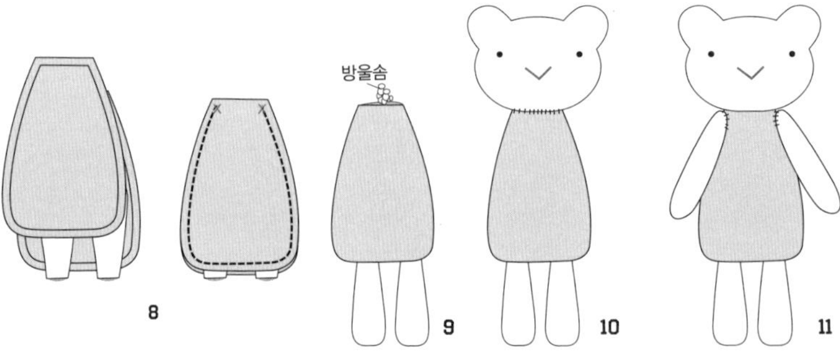

✓ 목도리 만들기

1 남은 뜨개실로 원하는 폭과 길이의 목도리를 만든다.
   간단하게 메리야스뜨기만 하면 된다.

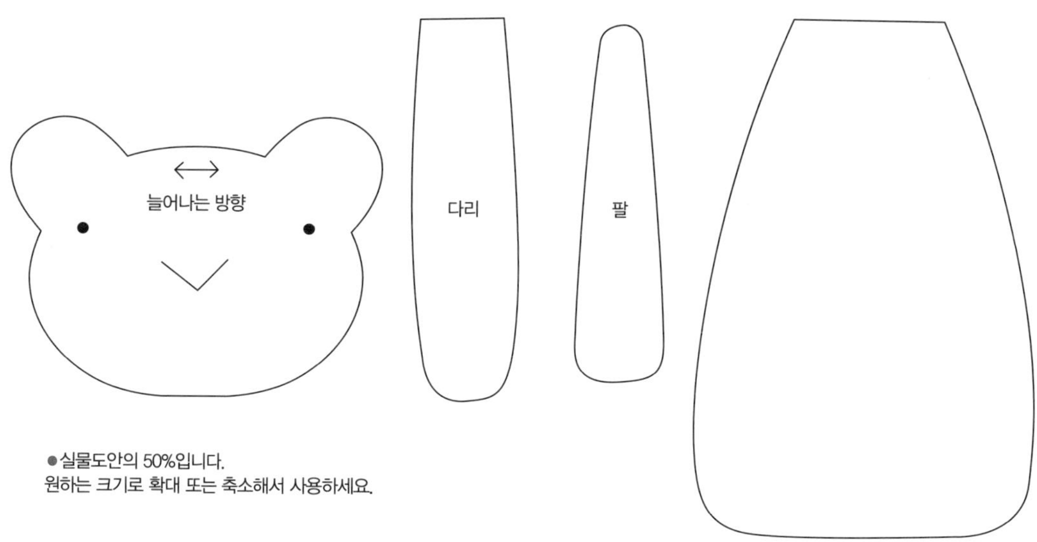

●실물도안의 50%입니다.
원하는 크기로 확대 또는 축소해서 사용하세요.

15 넥타이로 포인트를 준 외출용 카디건 - - - - → 48쪽에 있어요

Ready

대바늘(4.5mm)

털실 – 하늘색 360g, 남색(넥타이 · 스티치용) 조금

How to make

✓앞판 만들기

*팔 길이는 아기에 맞게 조절하세요.

1 일반 코 16cm(35코)를 잡아 가터뜨기로 22cm(70단)를
뜬다.

2 손가락으로 20cm(45코)의 코를 만든다. 12쪽 감아 코 늘
리기

3 가터뜨기로 8cm를 뜬다.

4 8cm(15코)를 코막음한다. – 앞목 부분

5 나머지 코는 5cm(15단)를 뜬 뒤 코막음한다.

6 같은 방법으로 1장을 더 뜬다.

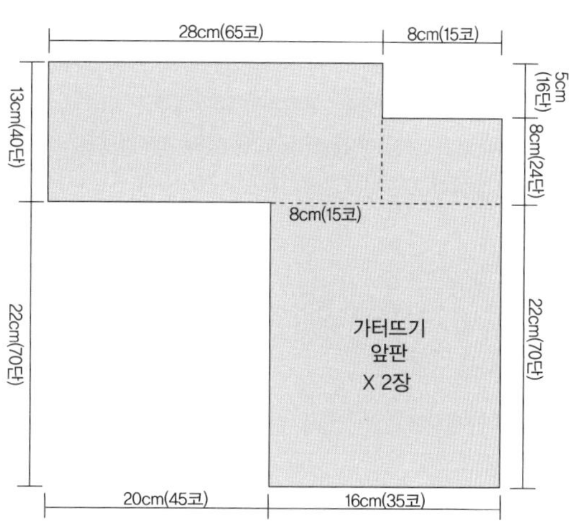

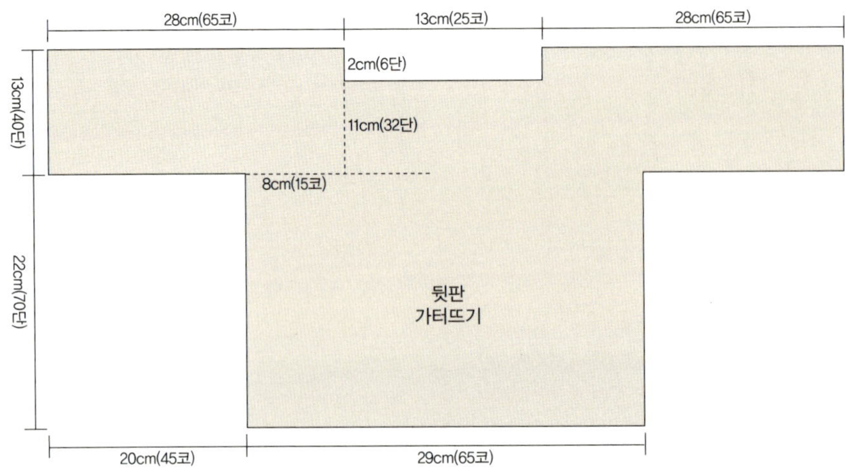

✓뒤판 만들기

1 일반 코 29cm(65코)를 잡아 가터뜨기로 22cm(70단)를 뜬다.

2 손가락으로 20cm(45코)의 코를 만든다. 12쪽 감아 코 늘리기 – 팔 부분

3 한 단을 뜬 뒤 다시 손가락을 걸어 반대쪽과 같은 코만큼 늘린다.

4 세로로 11cm(32단)을 뜬다.

5 오른팔 28cm(65코)를 가터뜨기로 2cm(6단) 뜬 뒤 코막음한다. 이때 나머지 코는 다른 바늘에 옮긴다.

6 옮겨 놓은 코 13cm(25코)를 뜨고 코 막음 한다. – 뒷목 부분

7 남은 28cm의 코를 2cm(6단) 뜬 뒤 코 막음 한다. – 왼팔 부분

✓몸판 연결하기

1 어깨와 소매는 겉끼리 마주 대고 돗바늘로 이어준다. 13쪽 메리야스뜨기로 꿰매기

2 옆선은 돗바늘로 꿰맨다. 14쪽 가터뜨기로 꿰매기

3 카디건의 테두리를 따라 색실로 홈질해 장식한다.

4 오픈식 카디건으로 만들어도 좋고 앞부분에 똑딱단추를 달아 여밀 수도 있다.

✓넥타이 만들기

1 일반 코 75cm(188코)를 잡아 가터뜨기로 2cm(8단)를 뜬 뒤 코막음한다.

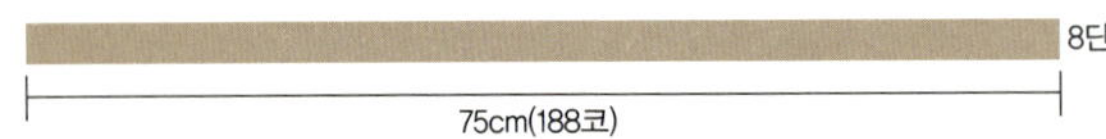

16 파티드레스 세트 · · · · -> 50쪽에 있어요

Ready

대바늘(4.5mm) – 드레스 · 숄, 대바늘(6mm) – 미니 백, 털실 – 아이보리색(드레스) 40g, 아이보리색(숄) 80g, 분홍색 20g

원단 – 줄무늬(드레스) 165×30cm, 줄무늬(코사지) 4×30cm, 양털(숄) 64×15cm, 양털(미니 백 덮개) 15×20cm, 꽃무늬(미니 백) 15×30cm

돗바늘, 장식용 레이스 – 드레스 앞 장식 · 드레스 어깨 끈 · 코사지 리본 장식용, 똑딱단추 2쌍, 싸개단추 또는 모양단추 1개, 미니 백 어깨 끈

How to make

✓ 드레스 만들기

1 일반 코 48cm(98코)를 잡아 가터뜨기로 5.5cm(18단)을 뜬 뒤 코막음한다.

2 양쪽 끝은 실이 풀리지 않도록 돗바늘을 이용하여 꿰맨다.

3 밑단을 1cm 접고 다시 2cm 접어 박음질한다.

4 줄무늬원단 165×30cm를 반으로 접고 시접 1cm를 안쪽으로 접어 박음질한 뒤 가장자리가 풀리지 않도록 감침질한다.

*재봉틀을 이용할 경우 오버로크(휘갑치기) 기능을 이용하세요.

5 드레스의 치마 부분이 되는 원단을 1cm 접어 내린 뒤 땀 간격을 크게 하여 홈질하고 실을 잡아당겨 주름을 만든다. 이때 드레스의 가슴 부분인 뜨개 둘레에 맞게 주름을 잡는다.

6 ③의 뜨개 부분과 ⑤의 원단 부분이 1cm 겹치도록 포갠 다음 박음질한다.

7 줄무늬원단 끝에 바느질로 레이스를 달아 장식한다.

8 아이 키에 따라 어깨끈용 레이스 길이를 정한 다음 바느질로 달아 드레스를 완성한다.

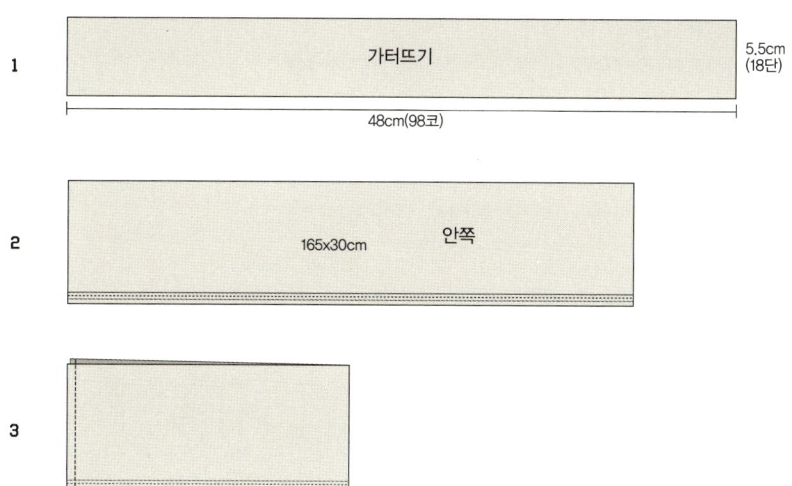

✓ 솔 만들기 가로 16cm, 세로13cm

1 일반 코 60cm(120코)를 잡아 가터뜨기로 1cm(4단), 메리야스뜨기로 12cm(32단)을 뜨고 코막음한다.

2 양털 원단 64×15cm를 가로 세로 각각 2cm씩 안으로 접어가며 ①과 함께 공그르기한다.

3 아이 몸에 맞게 똑딱단추의 위치를 정해 달아준다.

4 코사지로 장식한다.

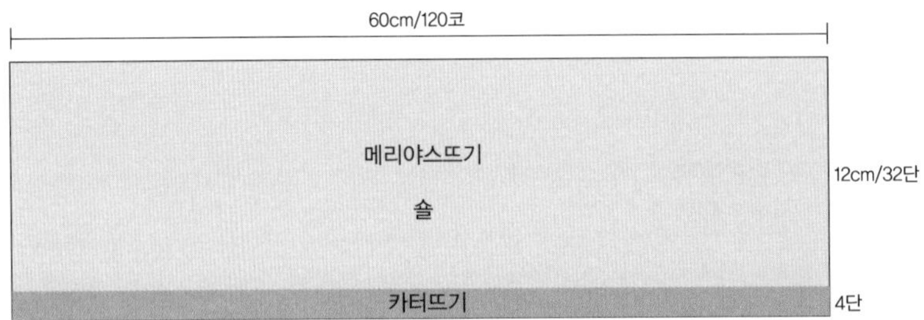

✓ 코사지 만들기

1 줄무늬원단으로 4×30cm 크기의 끈을 만든다. 00쪽 멜빵바지 끈 만들기

2 한쪽 끝에서부터 땀을 크게 하여 홈질한 뒤 실을 당긴다. 실이 풀리지 않도록 바느질로 고정시킨다.

3 레이스 끈도 ②와 같은 방법으로 바느질한다.

4 레이스 원단을 리본 모양으로 만든 뒤 ③의 뒷면에 바느질로 고정시킨다.

✓ 미니 백 만들기

1 일반 코 11cm(22코)를 잡아 가터뜨기로 20cm(56단)를 뜨고 코막음한다.

2 ①의 그림과 같은 위치에 바느질하여 끈을 고정시킨다.

3 꽃무늬원단 11×18cm를 사방 1cm 안쪽으로 접어 다림질 한 뒤 ②와 함께 공그르기한다.

4 꽃무늬원단의 겉이(?) 보이도록 반으로 접어 돗바늘로 꿰맨다.

5 가방 몸판 뒤쪽에 양털 덮개를 1cm 겹치게 포개 놓고 감침질한다.

6 덮개와 가방이 맞닿는 부분에 똑딱단추를 달고 싸개단추나 모양단추를 달아 마무리한다.

✓ 양털 가방 덮개 만들기

1 양털 원단 2장을 겉끼리 마주 대고 창구멍만 남기고 박음질한다.

2 시접 0.5cm를 남기고 정리한 뒤 창구멍을 통해 뒤집는다. 창구멍은 공그르기한다.

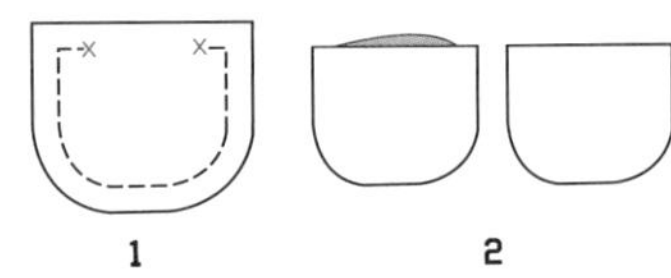

17 엄마와 아기의 커플 목도리 - - - - -> 52쪽에 있어요

Ready

대바늘(4.5mm)

털실 – 아이보리색(엄마 목도리) 220g, 노란색(아기 목도리) 50g

How to make

✓ 엄마 목도리 만들기 가로 17cm, 세로 150cm

1 일반코 17cm(35코)를 잡아 1코 고무단을 뜬 다음 겉뜨기 1코, 안뜨기 1코 순으로 반복한다. 마지막 코는 겉뜨기로 끝낸다.

2 다음 단은 겉뜨기로 시작해 겉뜨기 1코, 안뜨기 1코를 반복한다. 같은 방법으로 150cm(404단)을 뜬 뒤 코막음한다.

3 적당한 간격을 두고 술을 달아 마무리한다.

✓ 아기 목도리 만들기 가로 10cm, 세로 60cm

1 일반 코 10cm(21코)를 잡아 1코 고무단을 뜬 다음 겉뜨기 1코, 안뜨기 1코 순으로 반복한다. 마지막 코는 겉뜨기로 끝낸다.

2 다음 단은 겉뜨기로 시작해 겉뜨기 1코, 안뜨기 1코를 반복한다. 같은 방법으로 60cm(162단)을 뜬 뒤 코막음한다.

3 적당한 간격을 두고 술을 달아 마무리한다.

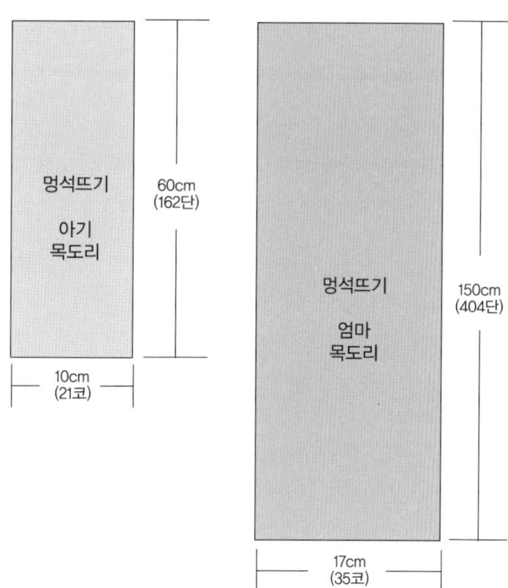

자투리로 만들어요!

오뚝이 모양의 꼬마 인형

- 만드는 방법은 122쪽 '흑백모빌'를 참조하세요.
- 몸통 색은 털실을 다양하게 활용하고, 머리카락 모양도 자유롭게 조절해보세요.

Ready

대바늘(4.5mm), 털실 – 노란색 40g, 카키색 20g, 원단 – 꽃무늬(16×16cm) 2장

돗바늘, 끈(주머니 여밈용), 장식용 단추 또는 라벨

How to make

✓ 가방 몸통 만들기

1 실을 2겹으로 하여 일반 코 16cm(32코)를 잡아 메리야스뜨기로 46cm(110단)을 뜨고 코막음한다.

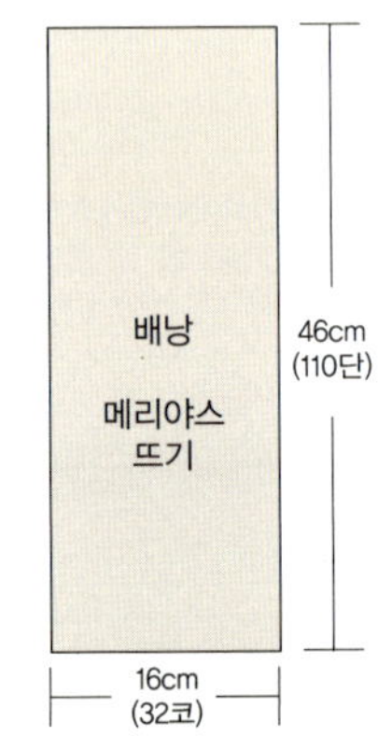

✓ 가방 끈 만들기

2 실을 2겹으로 하여 일반 코 40cm(90코)를 잡아 가터뜨기로 3cm(8단)를 뜬 뒤 코막음한다.

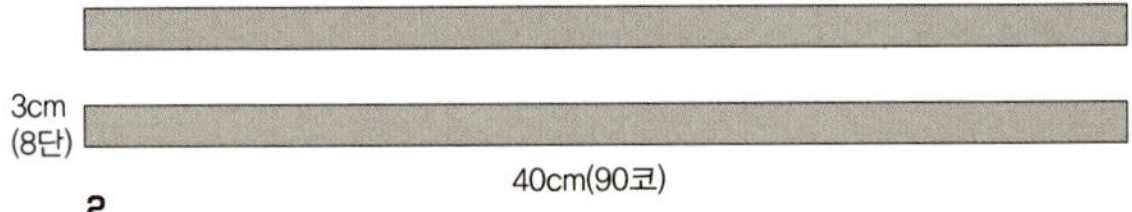

✓ 가방 끈 연결하고 안감 대기

3 그림과 같이 끈을 끼워 넣고 반으로 접은 다음 시접 1cm를 남기고 돗바늘을 이용해 박음질한다.

4 프린트 원단을 겉끼리 마주 대고 반으로 접어 그림과 같이 시접 1cm를 남기고 양옆을 박음질한다.

5 윗부분을 2cm접어 뜨개질한 가방 윗부분과 함께 공그르기한다. 주머니 여밈용 끈을 뜨개 조직 사이사이에 끼워 연결한다.

6 색깔 단추나 라벨 등으로 장식한다. 주머니 여밈용 끈을 뜨개 조직 사이사이에 끼워 연결한다.

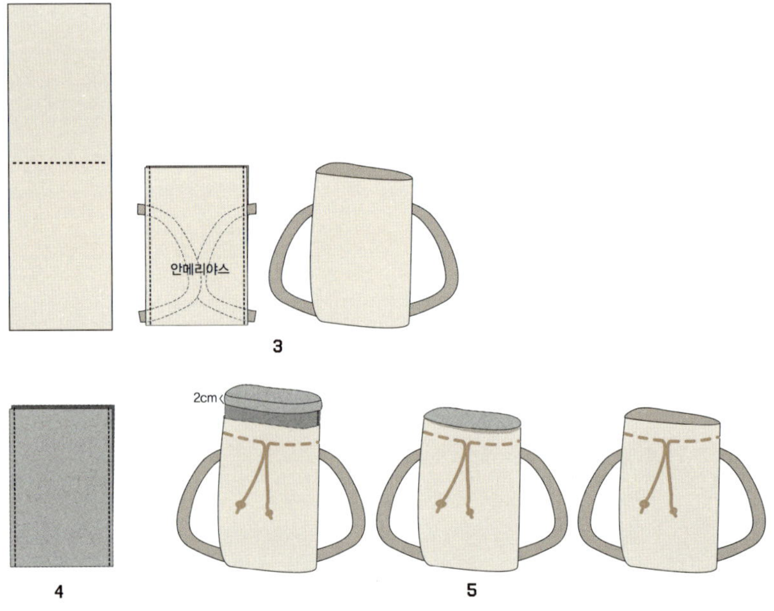

19 줄무늬로 뜬 냥이 블랭킷 ----> 56쪽에 있어요

Ready

대바늘(4.5mm), 털실 – 베이지색 120g, 카키색 120g, 브라운색 160g

색실 – 하늘색 또는 분홍색, 솜(말풍선용)

How to make

✓ 재단하기

유기농 물방울무늬 원단, 베이지 유기농 타월 – 고양이 아플리케
유기농 물방울무늬 원단 – 몸판 2장, 꼬리 2장, 말풍선 2장
베이지색 유기농 타월 – 코 2장
꽃무늬원단(80×12cm) 4장

✓ 블랭킷 만들기

1 3가지색 털실로 각각 일반 코 70cm(150코)를 잡아 가터뜨기로
   7cm(24단)씩 뜬 뒤 코막음한다.

2 ①의 블랭킷 한쪽 면에 꽃무늬원단을 사진(57쪽)과 같이 덧
   댄 다음 3cm 간격을 두고 테두리를 따라 홈질한다. 시작할 때
   2cm정도 안쪽으로 접은 다음 바느질한다.

3 꽃무늬원단을 안쪽으로 반 접은 뒤 블랭킷과 함께 공그르기한
   다. 원단의 남은 부분은 잘라낸다.

4 나머지 블랭킷 3면도 같은 방법으로 바느질한다.

5 마지막에 시접을 2cm 접어 옆면도 함께 공그르기하면서 마무
   리한다.

6 블랭킷 위에 고양이 아플리케(82쪽 '부엉이 주머니 만들기')와
   말풍선을 올리고 공그르기로 고정시킨다.

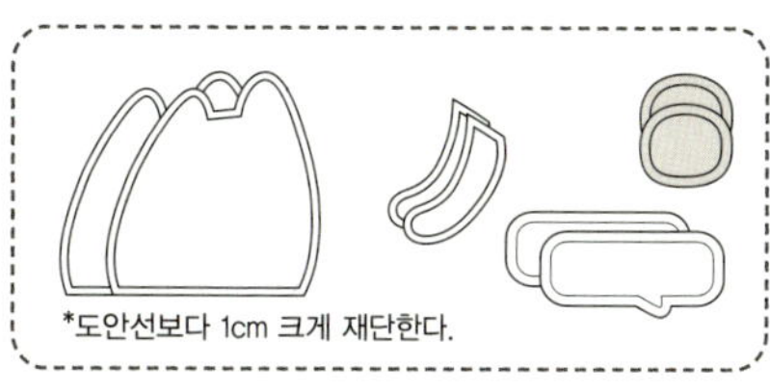

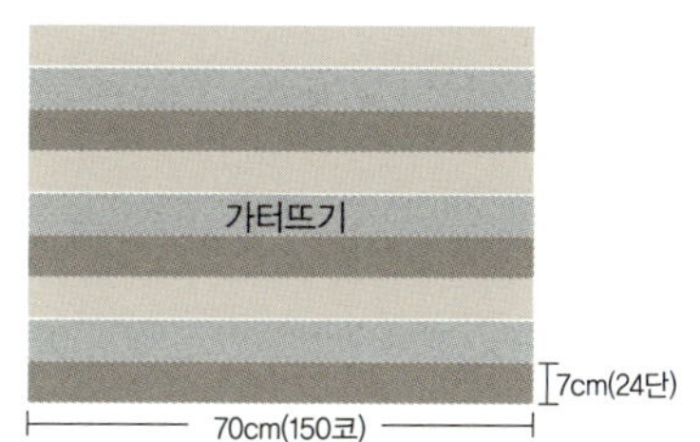

●실물도안의 30%입니다.
원하는 크기로 확대 또는
축소해서 사용하세요.

20 알록달록 구름 손가방 · · · · → 58쪽에 있어요

Ready

대바늘(4.5mm), 털실 – 여러 가지 색 총 80g, 베이지색 70g, 원단 – 무늬(가방 안감용 32×29cm) 2장, 무늬(끈 안감용 55×12cm) 2장

유기농 타월(구름 아플리케) 조금, 펠트(구름 아플리케) 조금, 색실, 솜, 구슬 눈 1쌍

How to make

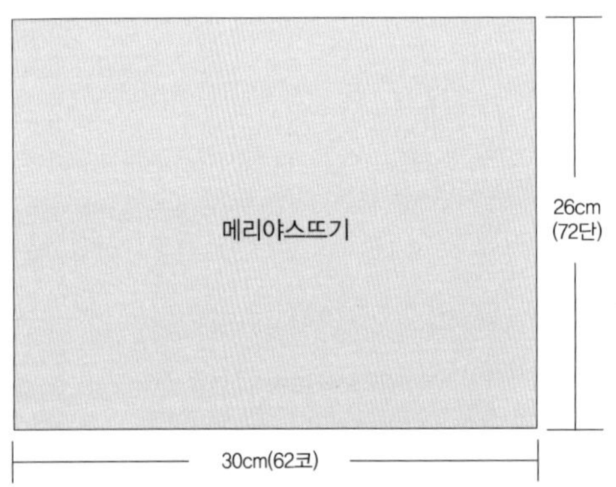

✓ **뒷면 만들기** 가로 30cm, 세로 26cm

1 베이지색 털실로 일반 코 30cm(62코)를 잡아 메리야스 뜨기로 26cm(72단)을 뜬 뒤 코막음한다.

✓ **앞면 만들기** 가로 30cm, 세로 26cm

2 준비한 색실 중 하나로 일반 코 30cm(62코)를 잡아 메리야스뜨기 한다. 색깔 별로 단수를 조절하여 총 26cm(72단)을 뜬 뒤 코막음한다.

✓ **앞면과 뒷면 연결하기**

3 앞면과 뒷면을 안끼리 마주 대고 메리야스 꿰매기로 꿰맨다.

✓ **끈 만들기**

4 일반 코 55cm(110코)를 잡아 메리야스뜨기로 6단을 뜬 뒤 코막음한다.

5 무늬 원단을 ④의 손뜨개 크기보다 사방 0.5cm 크게 재단한 다음 시접 0.5cm를 안쪽으로 접어 넣어 다림질하고 뜨개 부분에 올려 공그르기한다.

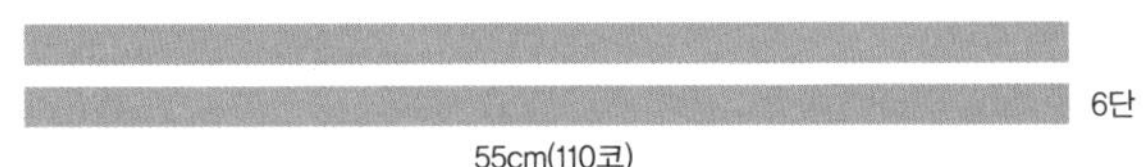

안감과 가방, 끈 연결하기

6 무늬 원단(32×29cm) 2장을 겉끼리 마주 대고 위쪽을 제외한 나머지 3면을 시접 1cm 남기고 박음질한다.

7 윗부분 2cm를 접어 내려 ⑤의 끈을 끼운 다음 사진(59쪽)처럼 박음질한다.

8 ③ 속에 ⑦을 넣어 원단과 뜨개를 함께 공그르기한다.

6

장식하기

9 앞면에 구름 아플리케를 공그르기로 달아 장식한다.

모서리는 그림과 같이 잘라준다.

구름 아플리케 만들기

1 유기농 타월 원단을 겉끼리 마주 대고 반으로 접은 뒤 도안을 대고 그린다.

2 시접 0.5cm만 남기고 정리한 뒤 한쪽 면에 가위집을 내 뒤집는다.

3 솜을 적당히 채운 다음 감침질한다.

4 앞면에 구슬 눈을 달고 입과 눈썹을 바느질한다. 이때 펠트천으로 볼터치 모양을 만들어 구름 얼굴에 감침질한다.

●실물도안의 50%입니다.
원하는 크기로 확대 또는
축소해서 사용하세요.

자투리로 만들어요!

구름 쿠션

쿠션을 만들 만한 원단이 있다면 솜을 채워 아기 방에 놓을 쿠션을 만들어보세요.
구름 장식을 덧붙이면 냥이 블랭킷과 세트가 되지요.

Ready

원단 40×40cm 2장, 색실, 솜, 구슬 눈 1쌍

*쿠션 크기와 솜의 양은 가지고 있는 원단에 따라 정하세요. 아플리케 역시 원하는 크기에 맞게 도안을 축소 또는 확대해서 사용합니다!

How to make

✓ 쿠션 만들기

1 같은 크기의 원단 2장을 겉끼리 마주 대고 창구멍 7cm만 남기고 4면을 박음질한다. 이때 시접은 1cm로 한다.

2 창구멍으로 뒤집고 솜을 채운 다음 창구멍은 공그르기한다.

3 구름 모양 아플리케를 만들어 쿠션 앞면에 공그르기로 고정시킨다. 위의 '구름 손가방 아플리케' 만들기

21 손싸개 모양의 아기 장갑 - - - - → 60쪽에 있어요

Ready

대바늘(4.5mm), 털실 – 분홍색 30g, 연두색 40g , 돗바늘

고무줄이나 끈, 색실

How to make

✓ **아기 장갑 만들기** 가로 10cm, 세로 24cm

1 메리야스뜨기로 가로10cm(22코)를 뜨고 일반
　코를 잡아 메리야스뜨기로 세로 24cm(64단)를
　뜬 다음 코막음한다.
2 겉메리야스가 마주보게 반으로 접어 그림과 같
　이 박음질한 뒤 뒤집는다.
3 밑 부분에서 3cm 안쪽으로 고무줄이나 끈을
　1cm 간격으로 홈질하듯 바느질하고 양끝은 리
　본으로 묶는다.
4 같은 방법으로 반대쪽도 하나 더 만든다.

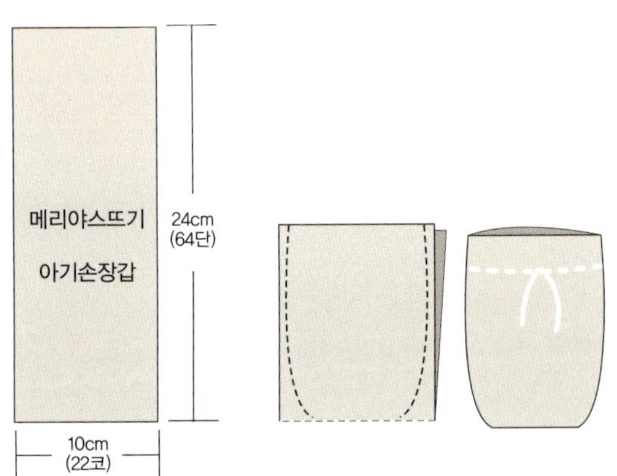

22 손가락이 밖으로 나오는 핸드 워머 - - - - → 61쪽에 있어요

Ready

대바늘(4.5mm), 털실 – 카키색 40g, 노란색 조금

색실, 돗바늘,

How to make

✓ **핸드워머 만들기** 가로 20cm, 세로 16cm

1 일반코 20cm(42코)를 잡아 가터뜨기 48단+메
　리야스 6단 총 16cm를 뜨고 코막음한다.
2 양 옆을 돗바늘로 꿰맨다. 이때 그림과 같이 엄
　지손가락 나올 부분(2cm)을 비워둔다.
3 색실이나 리본으로 장식한다.
4 같은 방법으로 반대쪽도 하나 더 만든다.

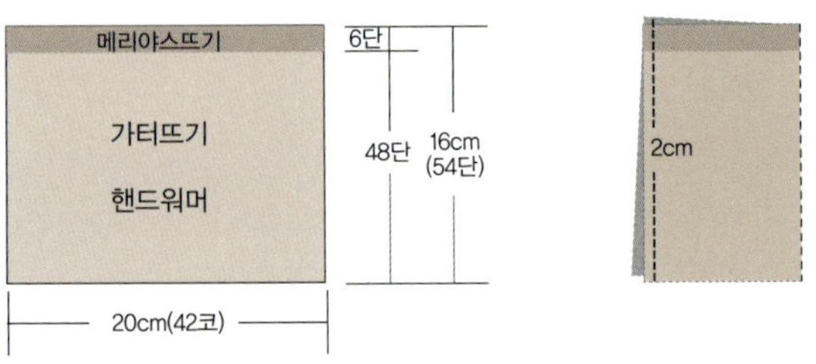

23 앞여밈이 깜찍한 꼬마 숙녀 목도리 - - - - -> 62쪽에 있어요

Ready

대바늘(4.5mm), 털실 – 보라색 40g, 분홍색 20g, 돗바늘

How to make

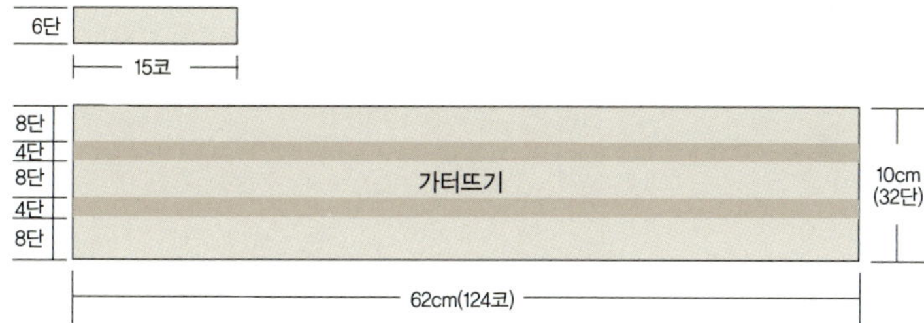

✓ **만들기** 전체 바지길이 37cm

1 실 2겹으로 일반 코 62cm(124코)를 잡아 가터뜨기로 10cm(32단)을 뜨고 코막음한다.

- 보라색 8단 – 분홍색 2겹 4단 – 분홍색 8단 – 분홍색 4단 – 보라색 8단의 순서로 뜨개질한다.

- 고리 부분 뜨기 : 보라색 2겹 – 15코×6단

2 사진(62쪽)과 같이 10cm 정도 올라간 곳에 링 모양 고리를 돗바늘로 꿰매 고정시킨다.

24 토끼와 곰돌이 보온주머니 - - - -> 63쪽에 있어요

Ready

대바늘(4mm), 털실-흰색 40g, 보라색 40g - 흰색 실과 보라색 실을 혼합해서 사용해요!

돗바늘, 원단- 타월(아플리케용) 10×10cm, 무늬(바닥용) 10×10cm, 색실

How to make

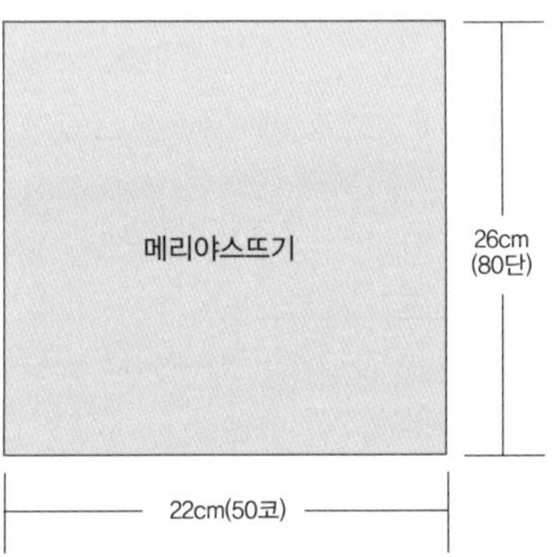

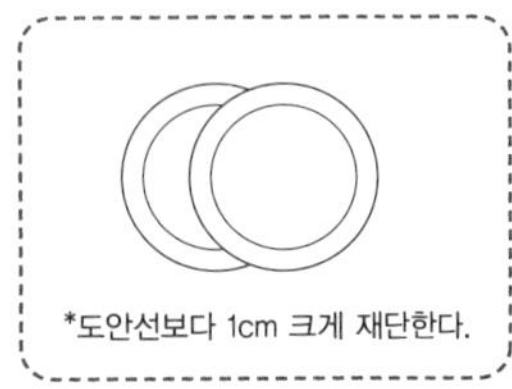

✓ 몸통 만들기 가로22cm, 세로26cm

1 일반 코 22cm(50코)를 잡아 메리야스뜨기로 26cm(80단)을 뜨고 코막음한다.

2 아플리케(117쪽)를 사진과 같이 놓고 공그르기한다.

3 양끝을 돗바늘로 꿰맨다.

4 원단으로 만들어둔 바닥(117쪽)을 공그르기한다.

63쪽 밑바닥 만들기

5 실 세 가닥을 땋아 끈을 만든 뒤 몸통에 끼운다.

63쪽 끈 끼우기

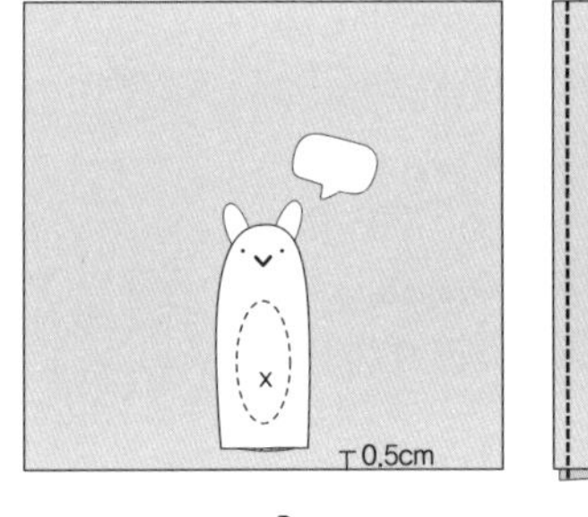

재단하기

동물 몸판 2장 – 타월 월단
동물 귀 4장 – 프린트 원단
말풍선 2장 – 타월 원단

1 귀 원단 2장을 겉끼리 마주 대고 창구멍을 남기고 박음질한다.
2 시접을 0.5cm남기고 정리한 뒤 창구멍을 통해 뒤집는다.
*같은 방법으로 한 장을 더 만들어요.
3 몸판 원단 2장을 겉끼리 마주 대고 창구멍을 남기고 박음질한다.
4 시접을 0.5cm남기고 정리한 뒤 창구멍을 통해 뒤집고 공그르기한다.
5 ④에 구슬 눈을 달고 입은 V자 모양으로 박음질하고 배 부분은 색실
　 로 홈질한다.
6 ②를 ⑤에 감침질로 고정시킨다.
*말풍선 만들기는 111쪽 '냥이 블랭킷'을 참조하세요!

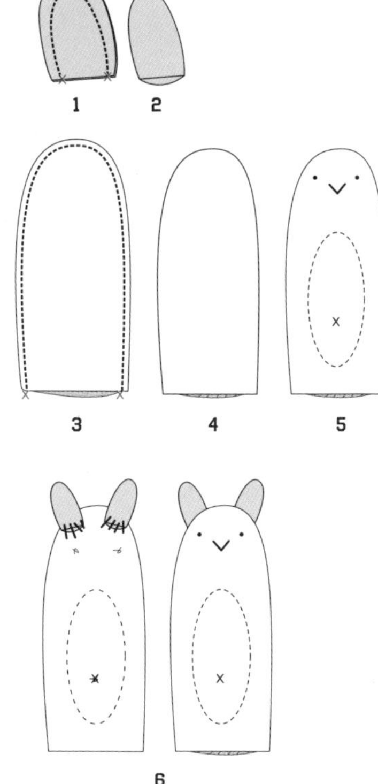

재단하기

보온병 커버 바닥 2장 – 프린트 원단

1 바닥 원단 2장을 겉끼리 마주 대고 창구멍을 남기고 박음질한다.
2 시접 0.5cm를 남기고 정리한 뒤 창구멍을 통해 뒤집는다.
3 창구멍을 공그르기한다.

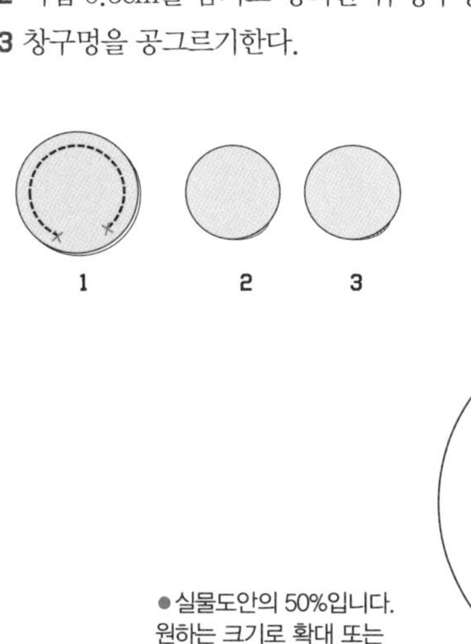

● 실물도안의 50%입니다.
원하는 크기로 확대 또는
축소해서 사용하세요.

25 키다리 곰돌이 커플 - - - - → 64쪽에 있어요

Ready

대바늘(5mm), 털실-아이보리색 80g, 하늘색(또는 분홍색) 50g,인형용 원단 – 아이보리색 타월 원단 60×60cm

꽃무늬 코듀로이 원단 10×20cm, 색실. 돗바늘. 구슬 눈 1쌍

How to make

✓ 몸통 만들기 가로 34cm, 세로40cm

1 아이보리색과 하늘색(분홍색) 실 2겹으로 일반 코 34cm(37코)를 잡아 겉뜨기로 35cm(36단)를 뜨고 흰 색 실 1겹으로 다시 5cm(10단)를 겉뜨기로 뜬 다음 코막음한다.

2 양 옆을 돗바늘로 꿰맨다. 돗바늘로 양옆을 연결하 기가 어려우면 그림과 같이 포개어 시접 0.5cm를 남기고 박음질한다.

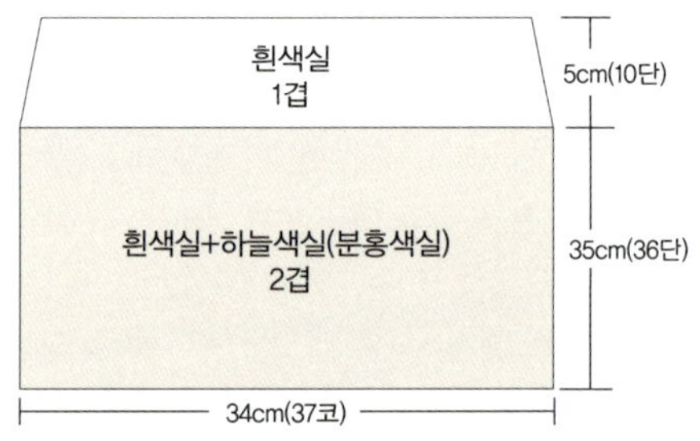

✓ 코 만들기

1 코 원단 두 장을 겉끼리 마주 대고 박음질한다.

2 시접을 0.5cm남기고 정리한 뒤 한쪽 면에 가위집을 내어 뒤집는다.

3 가위집을 통해 솜을 채우고 하늘색실(또는 분홍색 실)로 촘촘하게 코 모양을 만들면서 바느질한 다음, 코의 테두리를 따라 홈질한다.

4 뒷면의 가위집은 감침질한다.

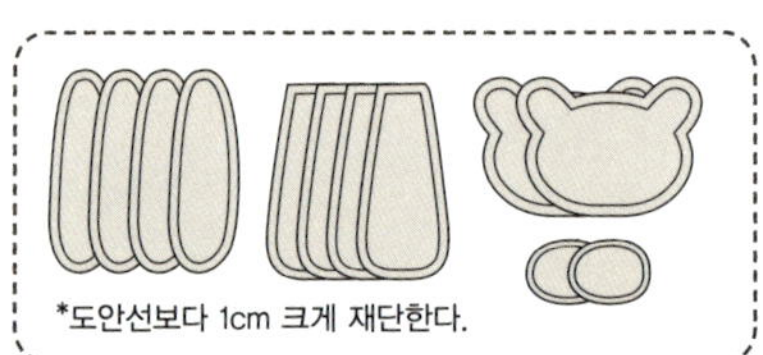

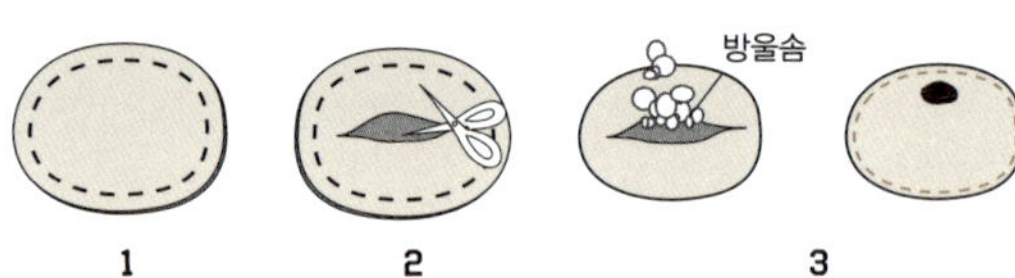

✓ 얼굴 만들기

1 눈 모양 구슬을 꿰매 단다.

2 얼굴의 도안 선을 따라 창구멍을 남기고 박음질한다.

3 창구멍을 통해 뒤집은 뒤 솜을 채우고 창구멍은 공그르기 한다.

4 코를 얼굴에 올려놓고 공그르기 한다.

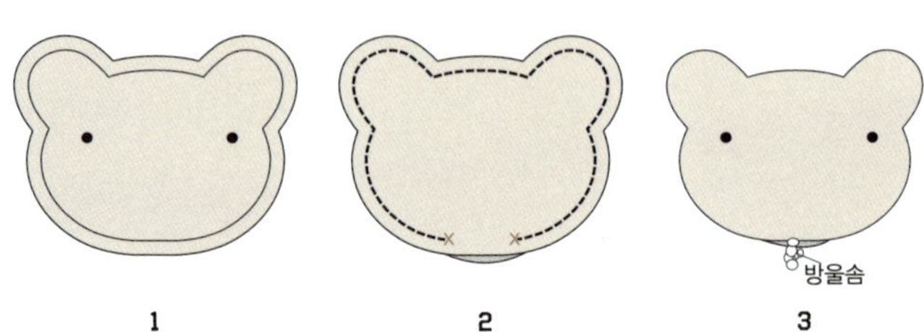

1 팔 원단 두 장을 겉끼리 마주 대고 창구멍을 남기고 박음질한다.

2 시접을 0.5cm남기고 정리한 뒤 창구멍을 통해 뒤집은 다음, 솜을 채워넣고 창구멍은 공그르기한다.

✓ 다리 만들기

1 다리 원단 두 장을 마주 대고 창구멍 두 곳을 남기고 박음질한 뒤 창구멍으로 뒤집고 솜을 넣는다.

✓ 각 부분 연결하기

1 다리를 손뜨개로 만든 몸통에 끼워 넣고 튼튼하게 박음질 한 다음 뒤집는다.

*이때, 손뜨개 몸통은 뒤집어 준다.

2 몸통에 솜을 채워 윗부분은 오므린다.

3 토끼 얼굴을 몸통 윗부분에 올려놓고 공그르기로 튼튼히 고정시킨다.

4 몸통의 양 옆에 팔을 윗부분만 몸통에 공그르기로 고정시킨다.

5 목도리를 목에 감는다.

*목도리도 손뜨개로 떠서 만들어도 좋아요!

✓ 목도리 만들기

1 남은 하늘색실(또는 분홍색실)로 5코를 잡아 실이 끝날 때까지 가터뜨기하고 마무리한다.

✓ 주머니 달기

1 코듀로이 원단을 겉끼리 맞대어 반으로 접어 창구멍을 남기고 박음질한 뒤 시접 0.5cm를 남기고 정리한다.

2 창구멍을 통해 뒤집은 후 공그르기한다.

3 인형 몸판 한쪽에 공그르기로 달아준다.

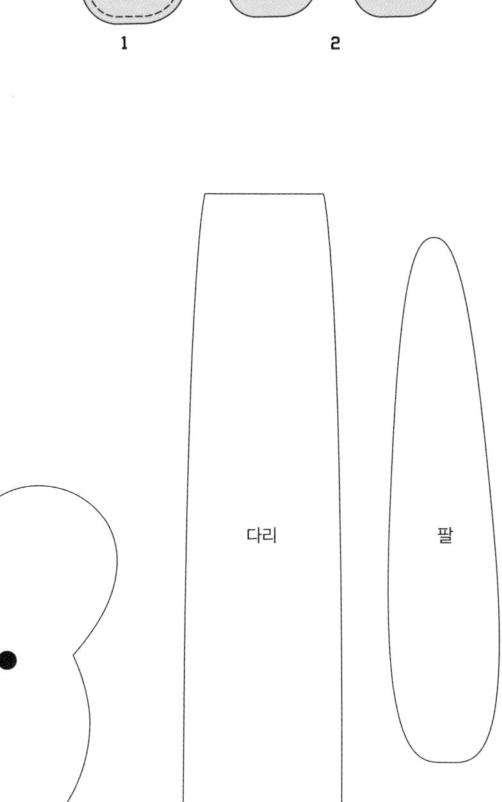

●실물도안의 40%입니다.
원하는 크기로 확대 또는
축소해서 사용하세요.

26 목도리를 두른 엄마 토끼, 아기 토끼 - - - - -> 66쪽에 있어요

Ready

대바늘(4.5mm), 털실 – 노란색 40g, 아이보리 20g, 원단 – 유기농 타월 원단 60×60cm, 아이보리색 양털 원단 52×10cm

돗바늘, 색실, 솜

How to make

* '엄마 토끼' 만드는 방법입니다.
같은 방법으로 '아기 토끼'도 만들어보세요!

✓ 재단하기
토끼 인형(유기농 타월) – 얼굴 2장, 팔 4장, 다리 4장
목도리(아이보리 양털) 52×10cm

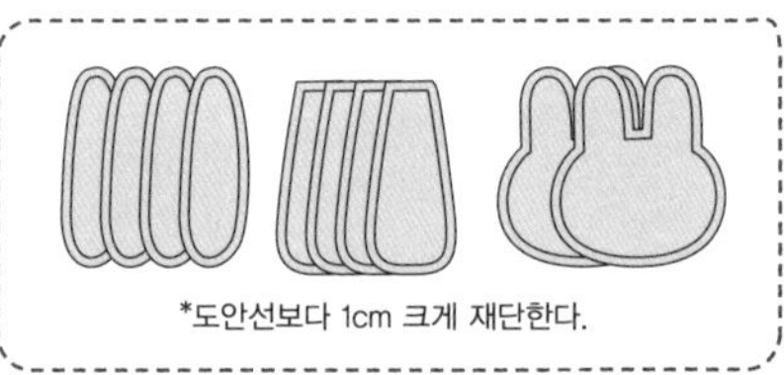

✓ 몸통 만들기 가로 28cm, 세로 19cm
1 노란색 실로 일반 코 28cm(55코)를 잡아 11cm(30단)를 뜬다. 아이보리색 실로 바꿔 4cm(12단)을 뜬 다음 다시 노란색 실로 바꿔 4cm(12단)를 뜨고 코막음을 한다.
2 양옆을 돗바늘로 꿰맨다.
*돗바늘로 양옆을 연결하기가 어렵다면 그림과 같이 포개어 시접 0.5cm를 남기고 박음질하면 돼요!

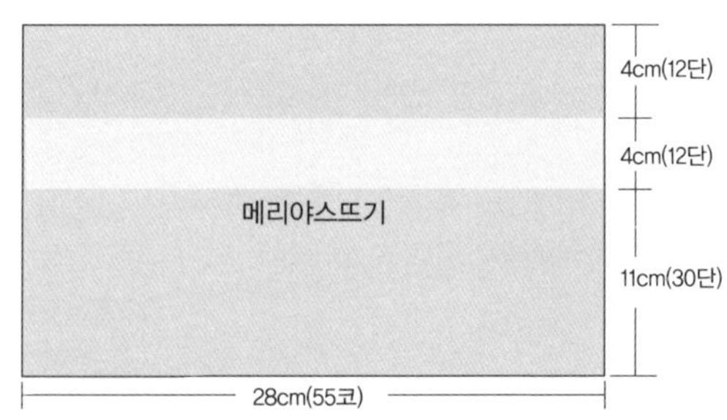

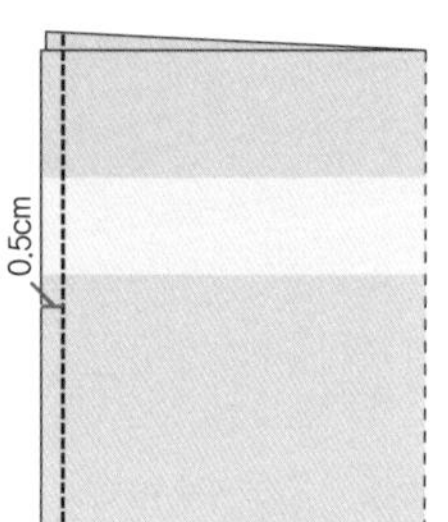

✓ 얼굴 만들기
1 얼굴 원단 한 장에 나사 눈을 끼우고 입은 색실을 이용해 V모양으로 박음질한다.
2 나머지 얼굴 원단 한 장과 함께 ①을 겉끼리 마주 대고 창구멍을 남기고 박음질한다.
3 시접을 0.5cm남기고 정리한 뒤 창구멍을 통해 뒤집은 다음, 솜을 채워 넣는다.
4 창구멍은 공그르기로 마무리한다.

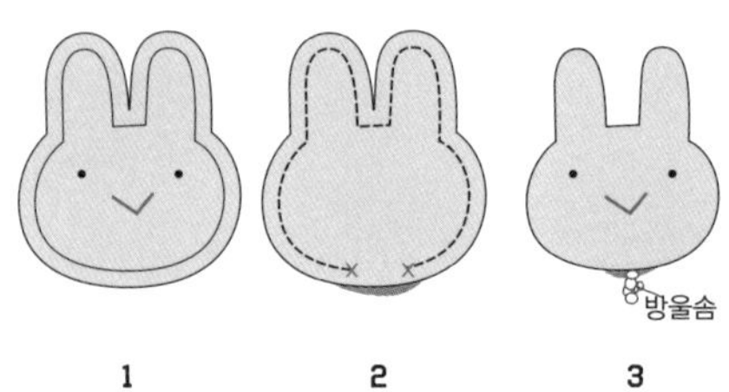

✓ 팔 만들기

1 팔 원단 두 장을 겉끼리 마주 대고 창구멍을 남기고 박음질한다.

2 시접을 0.5cm남기고 정리한 뒤 창구멍을 통해 뒤집은 다음, 솜을 채워넣고 창구멍은 공그르기한다.

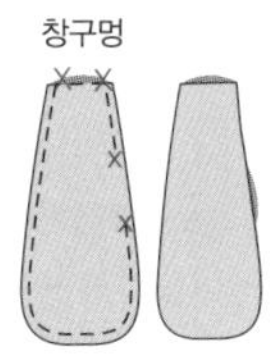

✓ 다리 만들기

1 다리 원단 두 장을 마주 대고 창구멍 두 곳을 남기고 박음질한 뒤 창구멍으로 뒤집어주고 솜을 넣는다.

✓ 각 부분 연결하기

1 다리를 손뜨개로 만든 몸통에 끼워 넣고 튼튼하게 박음질 한 다음 뒤집는다.
*이때, 손뜨개 몸통은 뒤집어 준다.

2 몸통에 솜을 채워 윗부분은 오므린다.

3 토끼 얼굴을 몸통 윗부분에 올려놓고 공그르기로 튼튼히 고정시킨다.

4 몸통의 양 옆에 팔을 윗부분만 몸통에 공그르기로 고정시킨다.

5 목도리(아래 만들기 참조)를 목에 감는다.

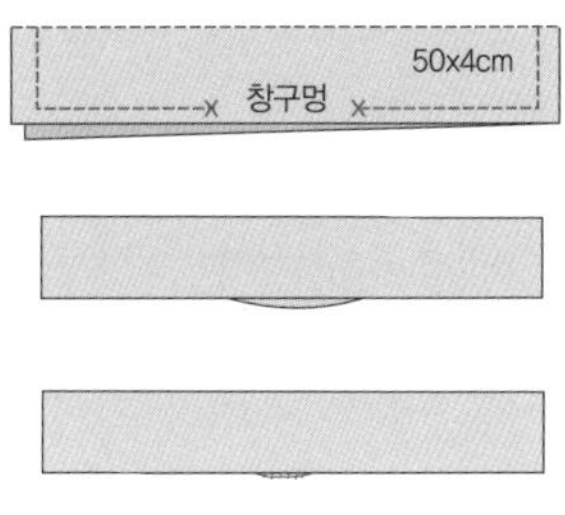

✓ 목도리 만들기

1 아이보리 양털 원단을 겉끼리 마주 대고 반으로 접어 창구멍을 남기고 박음질 한 뒤 시접을 0.5cm남기고 창구멍으로 뒤집어 공그르기한다.

● 실물도안의 30%입니다.
원하는 크기로 확대 또는
축소해서 사용하세요.

27 태어나 처음 만나는 장난감, 흑백모빌 - - - - -> 68쪽에 있어요

Ready

대바늘(4.5mm), 털실 – 흰색 50g, 검정색 50g, 색실, 돗바늘

솜, 소리도구

How to make

✓ **만들기** 가로 15cm, 세로 8cm

1 일반 코 15cm(31코)를 잡아 메리야스뜨기로 흰색과 검정색 실을 그림과 같이 번갈아 뜬다.

2 반으로 접어 윗부분을 제외한 세 면을 돗바늘로 꿰맨다.

3 안쪽에 솜을 채우고 오므려 돗바늘로 꿰맨다. 이때 소리도구를 함께 넣어도 좋다.

4 바느질로 다양한 표정을 만든다.

5 모빌끈을 머리 부분에 고정시킨다.

6 검정색실로 머리털을 만들어 바느질로 고정시킨다.

*다양한 표정과 모양의 인형을 만들어 모빌을 완성해요!

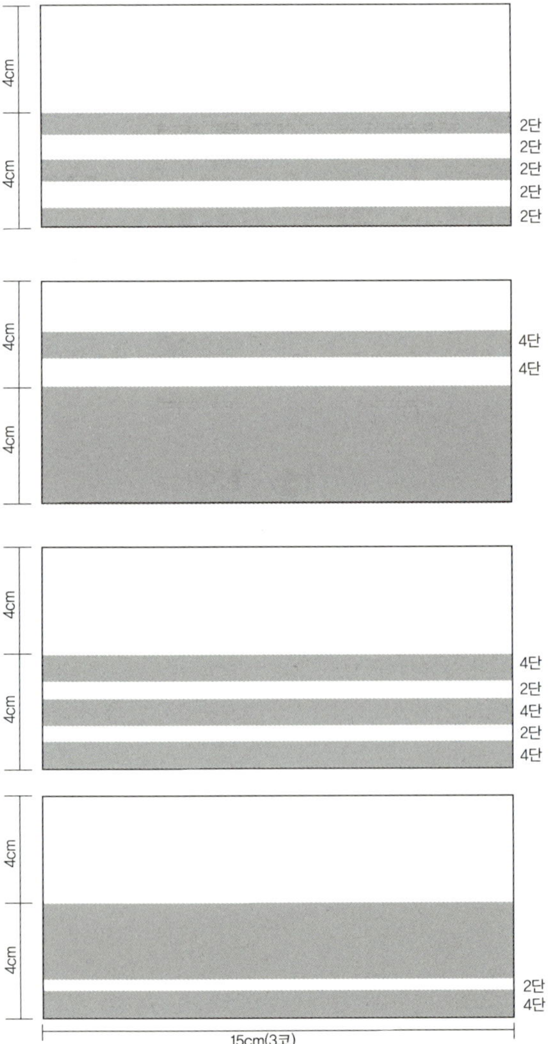

Ready

대바늘(3.5mm), 털실 – 자투리 털실 10~20g(1개 분량), 얼굴용 원단 – 아이보리색 15×15cm

두건 원단 – 프린트 원단20×15cm×4가지 컬러, 색실, 솜, 단추 4쌍

How to make

✓ 재단하기

모빌 얼굴 4장 – 아이보리색 원단

두건 2장×4가지 컬러 – 프린트 원단

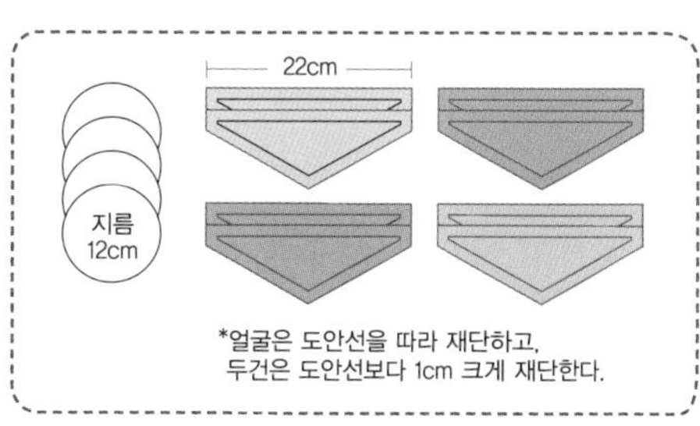

✓ 몸통 만들기 가로 10cm, 세로 10cm

1 가터뜨기로 한 겹을 뜬 다음 코막음한다.

2 네 모서리를 한데 모아 풀리지 않게 고정시킨다.

✓ 얼굴 만들기

1 얼굴 원단 한 장에 테두리를 따라 0.5cm 안쪽으로 홈질하고
   실을 당긴 뒤, 솜을 채운다.

2 ①의 앞부분에 X자로 단추눈을 달고 색실을 이용해 박음질
   로 입 모양을 만든다.

3 손가락 두 개에 털실을 10번 정도 감아 자른 뒤, 같은 색 실
   로 한쪽 부분에 매듭을 묶고 반대쪽은 가위로 자른다.

4 ①에 ③을 바느질로 고정시킨다.

5 손뜨개로 만든 몸 부분과 ④를 공그르기로 고정시킨다.

6 머릿수건을 ⑤의 머리부부분에 박음질로 고정시킨다.

7 머릿수건 양끝을 앞쪽으로 모아 감침질로 고정시킨다.

8 얼굴 뒷부분에 모빌 끈(실)을 고정시키고 머릿수건의 끝부
   분을 감침질로 고정시킨다.

*같은 방법으로 다양한 컬러의 모빌 인형을 만들어요!

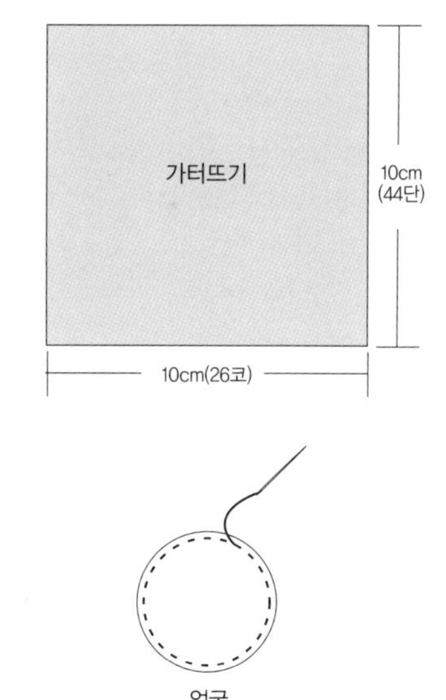

✓ 두건 만들기

1 두건 원단을 겉끼리 마주 대고 도안대로 그린 다음 창구멍을
   남기고 박음질한다.

2 시접 0.5cm를 남기고 정리한 뒤 창구멍을 통해 뒤집는다.

3 창구멍은 공그르기한다.

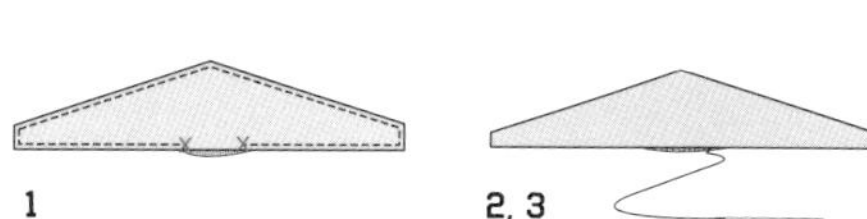

29 컬러 블록 주사위 - - - - -> 70쪽에 있어요

Ready

대바늘(4.5mm), 털실 – 3가지 색 각 40g씩

원단 – 폴라폴리스(아이보리색, 아플리케용) 30×20cm, 색실

How to make

*도안선보다 1cm 크게 재단한다.

✓ 주사위 6면 만들기 가로 10cm, 세로 10cm

일반 코 10cm(22코)를 잡아 메리야스뜨기로 10cm(28단)을 뜬 다음 코막음한다. 같은 방법으로 3가지색을 각각 2장씩 만든다.

✓ 주사위 만들기

1 손뜨개로 만든 6개의 사각 면에 토끼, 곰, 고양이 아플리케를 올려놓고 색실로 홈질한다.

*눈과 코는 색실로 촘촘히 바느질하고 입과 수염은 박음질한다.

2 두 장의 손뜨개 조각을 겉끼리 마주 대고 박음질한다.

3 그림과 같은 순서로 연결해준다.

4 한쪽을 제외한 모든 면을 바느질로 연결하고 스폰지 가운데를 가위로 구멍을 내어 딸랑이를 넣는다.

5 스폰지를 ④에 넣어주고 나머지 부분을 공그르기한다.

*뜨개 부분의 시접이 두꺼우면 스폰지의 모서리 부분을 조금 자른다.

1

2

3

4

가위를 조금 벌린 상태에서 표시선까지
스폰지 속에 넣어 자른 뒤
그 안에 딸랑이를 넣는다.

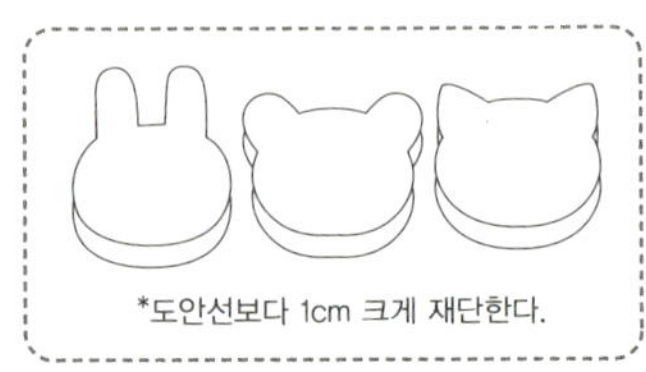

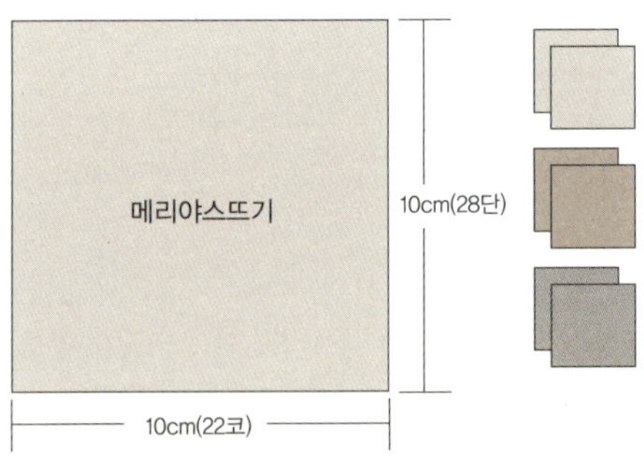

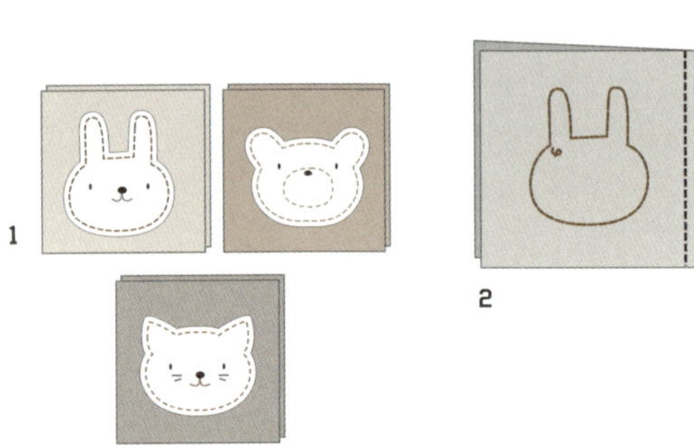

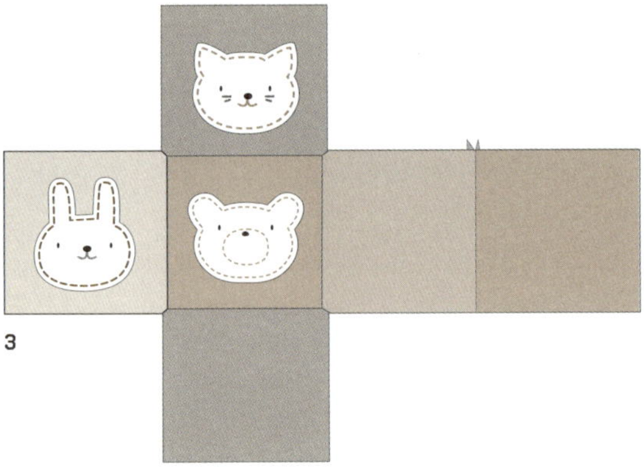

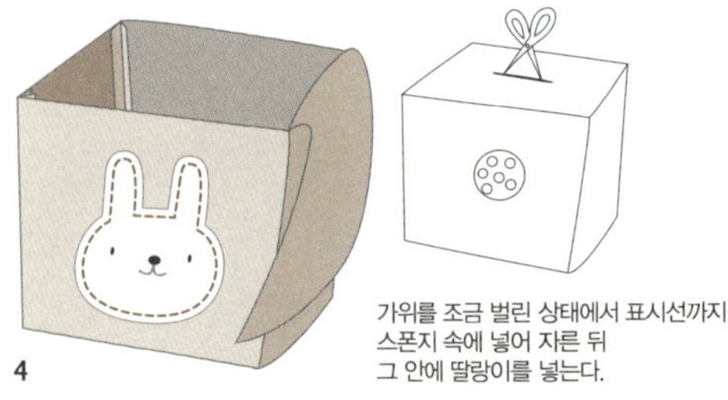

✓ 캐릭터 아플리케 만들기

재단하기

토끼 2장, 곰 2장 , 고양이 2장 – 아이보리 폴라폴리스

1 재단된 아플리케 원단에 눈은 프렌치너트스티치, 입은 V자로 박음질한 뒤 주사위 6면에 홈질이나 반박음질로 고정시킨다.

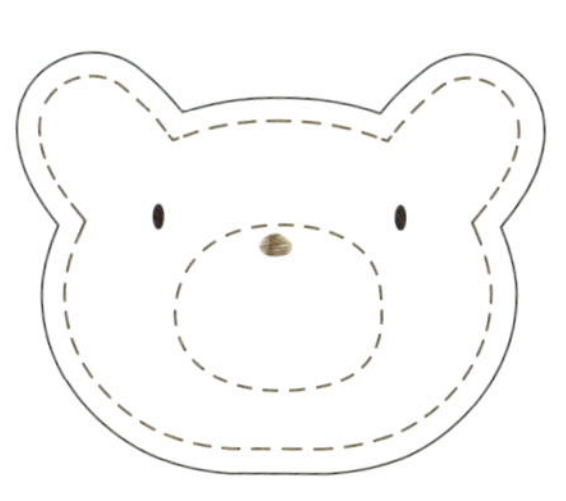

● 실물도안의 50%입니다.
원하는 크기로 확대 또는
축소해서 사용하세요.

30 유럽스타일 토끼 인형 - - - -→ 끼쪽에 있어요

Ready

대바늘(4.5mm), 털실 – 베이지색 15g, 갈색 20g, 원단 – 줄무늬 10x10cm, 물방울무늬 10x10cm, 아이보리색(유기농) 10x7cm
돗바늘, 솜 조금

How to make

1 일반 코 16cm(26코)를 잡아 메리야스뜨기로 18cm(36단)를
뜨고 코막음한다. 이때 실은 베이지색과 갈색을 번갈아가며
뜬다. – 몸통 부분

2 갈색실로 일반 코 4cm(7코)를 잡아 메리야스뜨기로 9cm(18
단)을 뜨고 코막음한다. – 팔 부분

3 갈색실로 일반 코 5cm(9코)를 잡아 메리야스뜨기로 6cm(12
단)을 뜨고 코막음한다. – 다리 부분

4 ②와 ③을 반으로 접어 양옆과 아래쪽을 돗바늘로 꿰매 팔
과 다리를 완성한다.

5 줄무늬와 물방울무늬 원단을 각각 반으로 접은 다음 시접
0.5cm를 남기고 박음질한다. 이때 창구멍을 남겨두었다가
바느질이 끝난 뒤 창구멍으로 뒤집는다. – 귀 부분

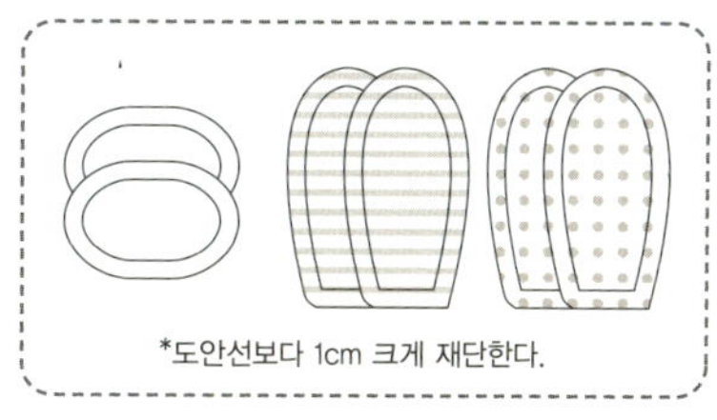

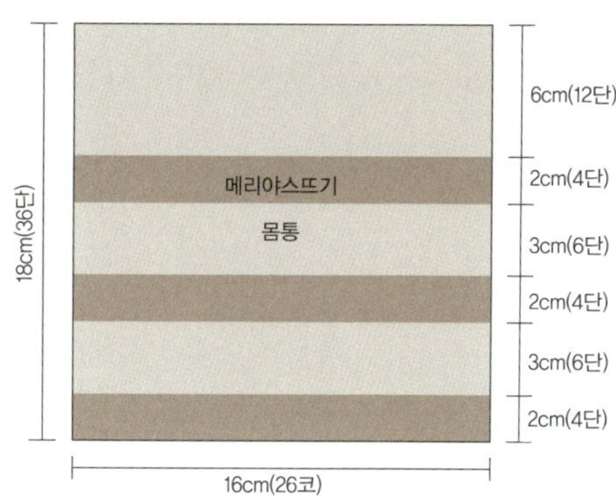

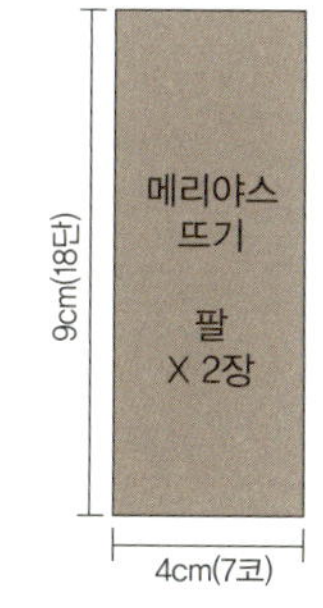

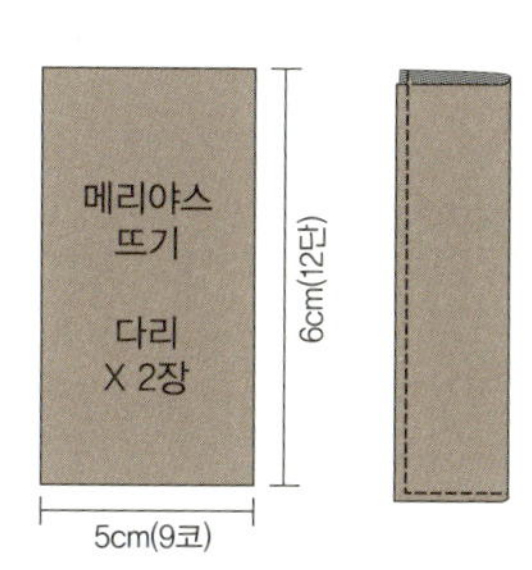

4

5

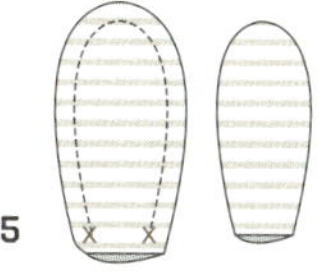

6 ①의 몸통을 겉메리야스뜨기 조직이 겉에서 보이도록 반으로 접은 뒤 양옆을
박음질한다.

7 몸통에 귀를 끼우고 박음질한 뒤 다시 뒤집는다.

8 솜을 넣고 다리를 끼운 다음 갈색실을 이용해 돗바늘로 몸통과 함께 꿰맨다.

9 팔도 갈색실을 이용해 돗바늘로 꿰매 몸통에 고정시킨다.

10 얼굴을 만들어 공그르기로 이어 붙이고 마무리한다.

78쪽 '스마일 손목 딸랑이'의 얼굴 만들기

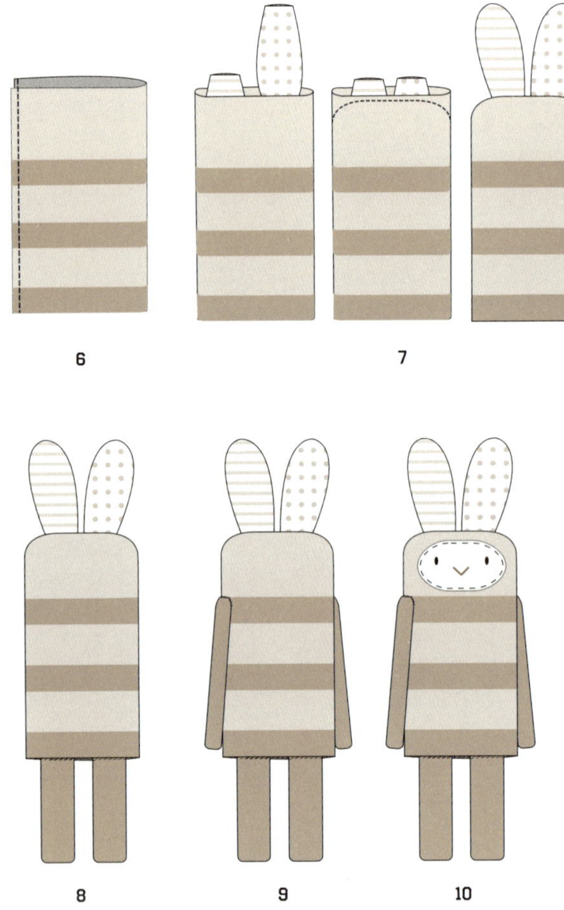

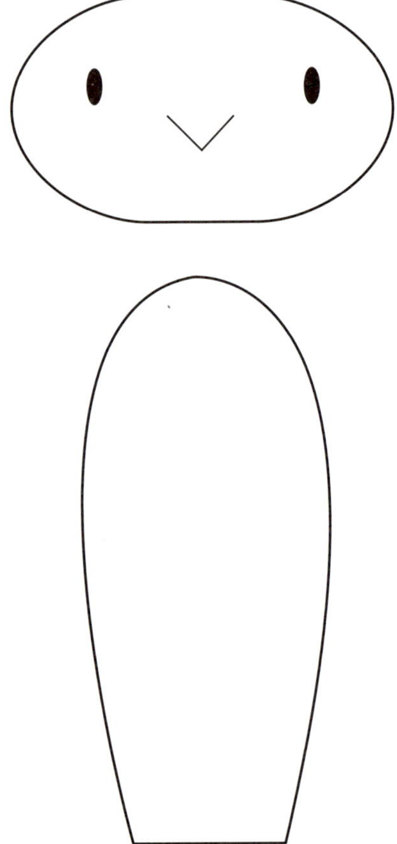

《꼼지의 손뜨개 아이 옷》 알뜰하게 활용하기

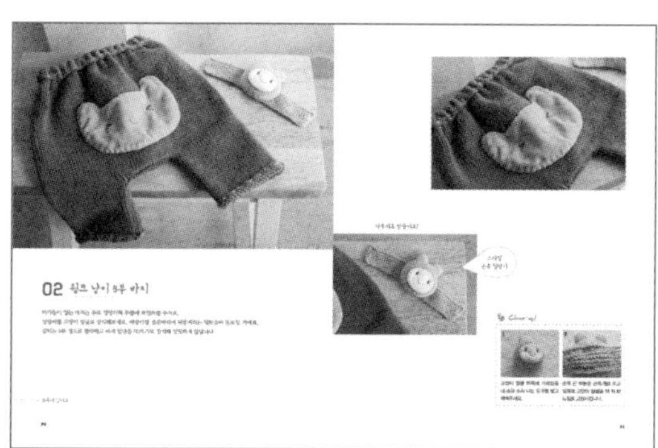

작품 보기

만들기

01 복잡한 기교 없이 겉뜨기와 안뜨기로 쭉 뜨세요

이 책에 나와 있는 옷과 소품, 장난감을 보면 모두 겉뜨기와 안뜨기를 이용해 간단한 일자 형태로 뜬 것을 알 수 있어요. 어려운 기법을 사용하거나 원통형으로 뜨느라 애먹지 않아도 돼요. 예를 들어, 일자로 뜬 옷 앞판과 뒤판은 옆선을 돗바늘로 꿰매 이어주면 됩니다. 모자나 주머니도 마찬가지예요. 초보자도 누구나 예쁜 아이 옷을 만들 수 있으니 이보다 더 실용적인 책은 없겠죠?

02 아이의 신체 사이즈에 맞게 변화를 주세요

아이마다 키나 가슴둘레, 팔다리 길이 등이 다 다르니 내 아이의 신체 사이즈에 맞게 코와 단수를 정하세요. 책에 나와 있는 작품의 기본 치수를 참조로 해서 늘리거나 줄이면 됩니다. 걷기 전 아기부터 5~6세 아이 옷까지 다양하게 만들 수 있어요.

03 남은 털실과 자투리 천으로 장난감도 만들어요

옷을 만들고 남은 실로 곰돌이나 냥이, 뭉치 인형과 같은 장난감도 만들 수 있어요. 아이가 가지고 놀 장난감을 엄마 손으로 직접 만들어주면 더욱 특별한 기억으로 남을 거예요. 자투리 천과 단추, 소리 나는 도구 등을 더해 아이가 좋아할 만한 것을 만들어주세요. 남은 실도 활용하고 옷뿐 아니라 인형 만드는 법까지 배워볼 수 있는 기회랍니다.

04 사진은 앞쪽에, 만드는 법은 뒤쪽에 있어요

이 책에서 소개하는 옷과 소품의 사진은 책 앞쪽에, 만드는 법에 관한 설명은 뒤쪽에 실었어요. 사진을 보며 어떤 옷을 만들까 골라보고 자세한 방법은 뒤쪽 '만들기' 편을 참조하세요. 만드는 과정에서 중요한 부분의 사진도 함께 실었습니다. 앞쪽의 Close-up! 에 있어요.

겉뜨기 · 안뜨기만 알면 만드는
꼼지의 손뜨개 아이 옷

ⓒ박귀선 임정임

초판 1쇄 발행일 2013년 11월 1일

지은이 박귀선 임정임
펴낸이 윤은숙
책임편집 이희원 팀장
디자인 ALL design group 02-776-9862 Ｉ**표지** 윤미정
사진 한정수 studio etc. 02-3442-1907
일러스트 김영태
모델 임은진, Ain
마케팅 석철호 나다연 도한나
제작 송세언

펴낸 곳 (주)느림보
등록일자 1997년 4월 17일
등록번호 제10-1432호
주소 경기도 파주시 회동길 198
전화 편집부 031-955-7383 영업부 031-955-7374
팩스 031-955-7393
홈페이지 www.nurimbo.co.kr

이 책의 글과 사진의 일부 또는 전부를 재사용하려면 반드시 저작권자와 (주)느림보 양측의 동의를 얻어야 합니다.
책값은 뒤표지에 있습니다.

ISBN 978-89-5876-171-6 13590

이 도서의 국립중앙도서관 출판시도서목록(CIP)은 e-CIP 홈페이지 (http://www.nl.go.kr/ecip)와
국가자료공동목록시스템(http://nl.go.kr/kolisnet)에서 이용하실 수 있습니다.
(CIP제어번호 : CIP2013020841)